高等学校计算机类专业实践系列教材

U0159429

数据库 SQL Server/ SQLite 教程

主　编　夏位前　白俊峰

副主编　罗　印　张虹霞　王击水

参　编　谢　海　夏鹏程

西安电子科技大学出版社

内容简介

本书从理实一体化的角度出发，以 SQL Server 2008 R2/SQLite3 为依托，以学校学生成绩管理、图书管理为案例载体，详细介绍了数据库技术的发展和体系结构，关系数据模型与关系运算，数据库基础，关系数据库语言 SQL，视图与索引，Transact-SQL 应用，存储过程、触发器和游标，数据库应用开发，数据库管理维护与新技术，SQLite 数据库操作等内容。在理论方面，主要介绍了数据库系统的基本理论和原理，以及数据库技术与应用的理论知识，在培养读者的思维的同时能够提升读者对数据库管理的认知，便于解决实际问题。在技术及应用方面，使用 SSMS/SQLite Studio 介绍 SQL 语言，结合 C# 编程语言，使读者在学习数据库管理技术的同时理解数据库开发的相关技术及应用，做到学以致用、融会贯通。

本书注重课程思政教育，每章都配备了一个案例供读者学习，可以采用讨论、演讲等形式开展相关活动，着重培养德才兼备的数据工程技术人才和数据经济管理人才。每章末都配有习题，便于巩固提高对基本知识和基本技能的掌握。

本书适合作为高等学校、职业学校计算机、电子信息、电子商务、大数据管理与应用等专业及相关专业的教材，也可供爱好数据库技术的人员学习参考。

图书在版编目 (CIP) 数据

数据库 SQL Server/SQLite 教程 / 夏位前，白俊峰主编 . —西安：西安电子科技大学出版社，2022.9(2022.11 重印)

ISBN 978-7-5606-6622-8

Ⅰ . ①数… Ⅱ . ①夏… ②白… Ⅲ . ①关系数据库系统—教材 ② SQL 语言—程序设计—教材 Ⅳ . ① TP311.132

中国版本图书馆 CIP 数据核字 (2022) 第 154102 号

策　　划　刘玉芳　刘统军
责任编辑　刘玉芳
出版发行　西安电子科技大学出版社 (西安市太白南路 2 号)
电　　话　(029)88202421　88201467　　　　邮　　编　710071
网　　址　www.xduph.com　　　　电子邮箱　xdupfxb001@163.com
经　　销　新华书店
印刷单位　陕西天意印务有限责任公司
版　　次　2022 年 9 月第 1 版　　2022 年 11 月第 2 次印刷
开　　本　787 毫米 × 1092 毫米 1/16　　印　张　15
字　　数　317 千字
印　　数　501 ～ 3500 册
定　　价　42.00 元

ISBN 978-7-5606-6622-8 / TP

XDUP 6924001-2

P reface 前言

当今时代，数据库技术是存储和管理数据的主流技术，已经应用到各行各业，并已成为提升全民数字素养与技能的基本要素之一。Microsoft SQL Server 是 Microsoft 公司推出的优秀的数据库管理系统，能够广泛地应用于企事业单位的数据管理和商业智能，尤其在电子商务、大数据管理等应用中起到了重要的作用。SQLite 是一款轻量级的开源的嵌入式数据库，由 D. Richard Hipp 在 2000 年发布，其使用方便，性能出众，广泛应用于消费电子、医疗、工业控制、军事等领域。

本书结合作者在数据库及相关课程中的教学与实践经验，从理论实践一体化角度出发，介绍了数据库的基本概念、理论、模型和方法，同时从知识技能的逻辑顺序出发，深入浅出地介绍了数据库技术的相关内容，使读者可以快速掌握数据库系统的原理，应用有关工具学习 SQL，并在 C#、Python 等相关课程中应用，在实际应用中解决实际问题。

本书主要内容包括数据库体系结构，关系数据模型与关系运算，SQL Server 的安装和内置函数，SQL，视图与索引，Transact-SQL 应用，存储过程、触发器和游标，数据库应用开发，数据库管理维护与新技术，SQLite 数据库操作等。本书在内容上遵循读者的认知规律，基于知识技能的逻辑顺序，引入思政案例，以培养读者的职业能力为出发点进行组织和编排。

本书在编写过程中参考了大量的经典文献和同类教材资料，对数据库的理论与技术进行了系统性的介绍，旨在让读者掌握数据库相关技术。本书简明扼要，图文并茂，并注重应用能力的形成，将SQL Server 2008 R2/SQLite3 作为讲解软件版本，符合工学、管理学等学科开设的数据库课程的教学教改需要。

本书共 11 章。其中，第 1 章由谢海编写，第 3 ~ 5 章和第 11 章由夏位前编写，第 2 章由白俊峰编写，第 6 章由罗印编写，第 7 章由张虹霞编写，第 10 章由王击水编写，第 8 章和第 9 章由夏鹏程编写。在编写本书的过程中，我们参考了大量的文献资料，在此向这些文献资料的作者表示衷心的感谢！

为了适应大数据时代的需要，数据库技术应用不断取得创新突破，由于作者水平有限，书中难免存在不足或疏漏之处，敬请广大读者和同仁提出宝贵的意见。

作　者

2022 年 6 月

C目录
Contents

第 1 章　概　　论

　　数据库技术是信息系统的核心技术之一，主要研究和解决计算机信息处理过程中数据的组织和存储问题。本章从数据库技术的发展历史、基本概念，数据库系统体系结构、分类，数据库技术的研究领域等内容入手了解数据库技术，可为后续章节的学习奠定基础。

▶▶ 【思政案例】 ···

中国自研数据库重大突破

　　继 5G 移动通信和高端芯片之后，中国高科技公司在又一个"核高基"领域取得了重大突破。2019 年 10 月 2 日，业内权威机构国际事务处理性能委员会 (TPC) 发布新闻：在被誉为"数据库领域世界杯"的 TPC-C 数据库基准性能测试中，阿里巴巴和蚂蚁金服 100% 自主研发的金融级分布式关系数据库 OceanBase 创造了新的世界纪录。此前，该世界纪录由美国甲骨文 (Oracle) 公司创造，并将该纪录保持了 9 年。中国工程院院士、计算机专家李国杰表示"这是中国基础软件取得的重大突破"。

　　OceanBase 数据库支持在线水平扩展，在功能稳定性、可扩展性和性能等方面都经历了严格的检验，实现了金融级高可用。

　　每一个世界第一背后都是无数技术人员日夜的拼搏，OceanBase 也同样经历了长达 10 年的艰苦研发。2010 年 OceanBase 创始人阳振坤加入阿里巴巴，OceanBase 正式立项；2011 年 OceanBase 0.1 版本发布，应用于淘宝收藏夹；2014 年 OceanBase 0.5 版本发布，替代 Oracle 在支付宝交易系统上线，负担"双十一"10% 的流量；2015 年网商银行成立，OceanBase 成为全球首个应用于金融核心业务系统的分布式关系数据库；2016 年 OceanBase 1.0 版本在支付宝账务系统上线，支撑 12 万笔 / 秒的支付峰值；2017 年支付宝首次把账务库在内的所有核心数据链路搬到 OceanBase 上，创造了 4200 万次 / 秒的数据库处理的峰值纪录。同年 OceanBase 在多家商业银行上线；2018 年 OceanBase 2.0 版本正式发布，降低了金融业务向分布式架构转型的技术风险；2019 年 OceanBase 获得 TPC-C 基准测试排名榜首。

蚂蚁金服自主研发的分布式关系数据库 OceanBase 创造了新的联机交易处理 (OLTP) 系统性能测试的世界纪录，成为首个登顶该榜单的中国公司。

思考：

OceanBase 在数据库自研及其应用方面的巨大成就，对我国经济建设有哪些重大意义？

1.1 数据库技术的发展历史

数据库系统的研究和开发从 20 世纪 60 年代中期开始到现在，取得了十分辉煌的成就，造就了 C. W. Bachman、E. F. Codd 和 J. Gray 三位图灵奖得主，发展了以数据建模和数据库管理系统 (DataBase Management System，DBMS) 为核心技术且内容丰富的一门学科，带动了数百亿美元的软件产业。在数据库技术出现之前，人们普遍采用文件系统来管理数据，随着数据规模的不断增长以及数据共享需求的提出，文件系统方式越来越难以适应数据管理的要求。数据库技术自诞生以来，形成了坚实的理论基础、成熟的商业产品和广泛的应用领域，经历了网状数据库、层次数据库、关系数据库、对象关系数据库等发展阶段。即使到了今天，DDBS、XML 数据库、NoSQL 数据库、NewSQL 数据库等仍在不断发展之中。

1.1.1 数据管理技术的发展历程

20 世纪 60 年代，计算机开始广泛地应用于数据管理，对数据的共享提出了越来越高的要求。传统的文件系统已经不能满足人们的需要，能够统一管理和共享数据的数据库管理技术得到了用户的认可。了解数据库技术的发展历程，首先应对整个数据管理技术的发展历程有所认识。

1. 人工管理阶段

人工管理阶段主要集中在 20 世纪 50 年代以前。当时计算机刚刚面世，人们把计算机当作一种工具，用于科学计算，将程序和相关数据输入计算机，经处理后输出结果。

人工管理阶段的数据管理如图 1-1 所示。

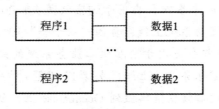

◆ 图 1-1 人工管理阶段的数据管理

人工管理阶段的数据管理具有以下几个特点：

(1) 数据并不保存在计算机中。此时还没有出现二级存储的概念，数据都是纯二进制数据，并且以打孔纸带的形式表示。

(2) 应用程序自己管理数据。应用程序根据自己的需求准备打孔纸带形式的数据，这些数据只能被自己使用。不同的应用程序根据求解问题准备各自需要的数据。

(3) 数据无法共享。数据由程序自行携带，一组数据对应一个程序。

(4) 数据与应用程序之间不具有独立性。如果应用程序发生修改，则原先的数据一般不能继续使用。同理，如果数据修改了，则应用程序一般也无法处理。

(5) 只有程序，没有文件。此时还没有文件存储的概念。

2.文件系统阶段

20 世纪 50 年代中期到 60 年代中期，出现了文件系统形式的数据管理技术。它主要是随着磁盘、磁鼓等存储设备的出现及操作系统技术的发展而提出的。

文件系统阶段的数据管理，主要是以文件形式保存和管理的，如图 1-2 所示。

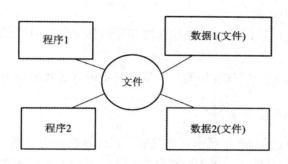

◆ 图 1-2 文件系统阶段的数据管理

文件系统阶段数据管理的主要特点可归纳为以下几点：

(1) 数据以文件形式存在，由文件系统管理。

(2) 数据可以较长时间地保存在磁盘上。

(3) 数据共享性差、冗余大，必须建立不同的文件以满足不同的应用。例如，在一个教学信息管理系统中，教师数据同时被教学、财务、人事管理等应用模块使用，在文件系统阶段只能将教师数据文件复制到这些不同的应用中。这样一方面带来了数据的冗余存储，另一方面如果某些教师数据发生了修改，则很容易导致数据的不一致。

(4) 数据与应用程序之间具有一定的独立性，但非常有限。应用程序通过文件名即可访问数据，按记录进行存取，但文件结构改变时必须修改程序。

3. 数据库管理阶段

20 世纪 60 年代末开始，数据管理进入数据库管理阶段。这一阶段引入了数据库管理系统 (DBMS) 实现数据管理，如图 1-3 所示。

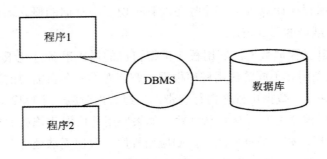

◆ 图 1-3　数据库管理阶段的数据管理

数据库管理阶段的数据管理的主要特点如下：

(1) 数据结构化。DBMS 采用了数据模型来组织数据，不仅可以表示数据，还可以表示数据间的联系。

(2) 高共享、低冗余，且易于扩充。数据不仅可以被多个应用程序高度共享，而且可以保证数据之间的最小冗余。

(3) 数据独立性高。数据具有物理独立性和逻辑独立性，对它的修改也不会影响到应用程序的运行。

(4) 数据由 DBMS 统一管理和控制，应用系统中所有的数据都由 DBMS 负责存取。

1.1.2　数据库技术的发展历程

数据库技术从 20 世纪 60 年代末开始发展，在计算机应用领域，数据处理逐渐占据了主导地位，应用也越来越广泛。重大的数据库技术及其发展里程碑事件如下：

1961 年，通用电气 (GE) 的 C. W. Bachman 设计了历史上第一个 DBMS——网状数据库系统集成数据存储 (Integrated Data Store，IDS)。Bachman 是一名工业界的研究人员，为了解决项目中的复杂数据管理问题而设计了 IDS，开创了数据库这一新的研究领域。Bachman 本人也因为在网状数据库方面的贡献于 1973 年获得了计算机领域的最高奖项——图灵奖。这是第一个获得图灵奖的数据库研究人员。

1968 年，IBM 设计了层次数据库系统 IMS(Infomation Management Sysytem)。

1969 年，CODASYL(数据系统语言会议) 的 DBTG(Data Base Task Group，数据库任务组) 发表了网状数据模型报告，奠定了网状数据库技术的基础。层次数据库技术和网状数据库技术一般被合称为第一代数据库技术。

1970 年，IBM 的 E. F. Codd 在 *Communication of ACM* 上发表了论文 "A Relational Model of Data for Large Shared Data Banks"，提出了关系数据模型，奠定了关系数据库的理论基础。关系数据模型采用了一种简单、高效的二维表形式组织数据，从而开创了数据库技术的新纪元。E. F. Codd 本人也因为在关系数据模型方面的贡献于 1981 年获得了图灵奖。关系数据库技术也被称为第二代数据库技术。

1973—1976 年，E. F. Codd 牵头设计了 System R。System R 是数据库历史上第一个关系数据库原型系统，R 是 Relation 的首字母。之所以称为原型系统而不是产品，是因为 System R 开发完成后并没有及时商业化，从而导致 Oracle 后来居上。在此期间，加利福尼亚大学伯克利分校的 M. Stonebraker 设计了 Ingres。Ingres 是目前开源 DBMS PostgreSQL 的前身。20 世纪 70 年代，Ingres 是少数几个能和 IBM 系统竞争的产品之一。

1974 年，IBM 的 Boyce 和 Chamberlin 设计了 SQL。SQL 最早是作为 System R 的数据库语言而设计的。经过 Boyce 和 Chamberlin 的不断修改和完善，最终形成了现在流行的 SQL。目前，SQL 已经成为 ISO 国际标准。前面提到的 Ingres 就是因为没有在其系统中支持 SQL 而导致了最终的没落。

1976 年，IBM 的 Jim Gray 提出了一致性、锁粒度等设计，奠定了事务处理的基础。Jim Gray 本人也因为在事务处理方面的贡献获得了 1998 年的图灵奖。这是第三位获得该奖项的数据库研究人员。

1977 年，Larry Ellison 创建了 Oracle 公司，1979 年发布 Oracle 2.0，1986 年 Oracle 上市。Larry Ellison 早期在执行美国国防部的一个项目时遇到了数据管理方面的问题，后来他看到了 E. F. Codd 发表的关于 System R 的论文，于是基于 System R 的思想开发了一个数据管理系统，并且将其商业化。在其后的发展中，Oracle 果断地采取了兼容 SQL 的做法，使其逐步占据了数据库领域的龙头地位。Oracle 的发展对于数据库技术的商业化起到了十分重要的作用。后来，Larry Ellison 曾说 IBM 历史上最大的两个失误就是培育出了 Microsoft 和 Oracle。

1983 年，IBM 发布 DB2。Oracle 在商业领域的成功，使 IBM 意识到了数据库技术的发展前景。由于其技术实力雄厚，因此马上推出了商业化的 DBMS DB2。这一产品至今仍在市场上占据重要地位。

1985 年，面向对象数据库技术被提出。面向对象数据库技术是随着面向对象程序设计 (Object Oriented Programming，OOP) 技术提出的，实质上是持久的 OOP。

1987 年，Sybase 1.0 发布。

1990 年，M. Stonebraker 发表了第三代数据库系统宣言，提出了对象关系数据模型。面向对象数据库以及对象关系数据库技术标志着第三代数据库技术的诞生，但从商业应用上看，第三代数据库技术还远远赶不上关系数据库技术。

1987—1994 年，Sybase 和 Microsoft 合作发布了 Sybase SQL Server 4.2，之后双方合作破裂，Sybase 继续发布 Sybase ASE11.0。

1996 年，Microsoft 发布 Microsoft SQL Server 6.5。Microsoft SQL Server 是一个很特殊的产品，其版本号直接从 6.5 开始。因为 Microsoft 和 Sybase 合作破裂后双方都拥有了 Sybase SQL Server 的源码，但 SQL Server 这一名称从一开始属于微软，而 Sybase 则启用了 ASE 这一产品名称。

1996 年，开源的 MySQL 正式发布。

1998 年，提出了半结构化数据模型 (XML1.0)。由于网络数据管理需求的不断增长，XML 数据管理技术在近些年受到了重视，至今仍是数据库领域的一个研究热点。曾经有人将 XML 数据库技术命名为第四代数据库技术，但没有得到认可。

2005 年，M. Stonebraker 等开发完成 C-store。C-store 是列存储的 DBMS(Column-based DBMS)，它完全抛弃了传统基于行记录的数据库存储方式，从而开创了一个新的研究方向。

2007 年，NoSQL(非关系型数据库) 在互联网 Web2.0 领域大行其道。传统的 SQL 数据库技术经过了几十年的发展和应用，在新的领域 (如 Web、云计算等) 面临着一些数据表示、查询处理方面的新问题。因此，NoSQL 数据库技术开始提出并且很快得到了多个互联网企业的支持，包括 Amazon(SimpleDB/DynamoDB)、Google(BigTable)、Facebook(Cassandra)、Yahoo(PNUTS) 等。NoSQL 不仅仅是 No SQL，还是 Not only SQL。

▌ 1.2　数据库技术的基本概念

应用了数据库技术的计算机系统，称为数据库系统 (Data Base System，DBS)，其中涉及一些基本的概念，这些概念在现实应用中很容易混淆，也是学习数据库技术必须首先了解和区分的对象。

1.2.1　数据

数据是数据库中存储和管理的基本对象。数据是事实或观察的结果，是对客观事物的逻辑归纳，是用于表示客观事物的未经加工的原始素材，可以是字符、文字、声音、图像、视频等。通常对数据的定义是：数据 (Data) 是人们用来反映客观世界而记录下来的可以鉴别的物理符号。

这个定义的含义是数据是"客观的"，也是"可鉴别的"。此外，数据是符号，数据库系统除了存储和管理数据之外，还管理一些其他内容，如后面介绍的模式等。

由于现实世界中存在着不同类型的符号，因此数据可以分为数值数据和非数值数据两种基本类型。数值数据记录了由数字所构成的数值。例如，职工张三的年龄是一个数值数据，学生李四的英语成绩也是数值数据等。非数值数据则包括了字符、文字、图像、图形、声音等特殊格式的数据。在现实世界中，非数值数据越来越多样，如人的姓名 (字符)、照片 (图像) 等。现有的数据库技术都支持数值数据和非数值数据的存储与管理。

在实际应用中，如果仅存储数据，一般来说是没有意义的。这是因为数据本身只是符号而已，而同样的符号在不同的应用环境中可能会出现完全不同的解释。例如，60 这一数据在教学管理系统中表示为某个学生某门课程的成绩，在职工管理系统中可表示为某个职工的体重，而在学生管理系统中还可表示为班级的学生人数。因此，数据与其代表的语义是分不开的，在存储数据的同时必须知道数据所代表的语义。

除了"60"这类表示单一值的简单数据外，现实生活中还存在着复合数据。复合数据是由若干简单数据组合而成的。例如，学生记录"(李明，199801，中国人民大学，2018)"就是由简单数据"李明""199801""中国人民大学""2018"构成的一个复合数据。复合数据同样也是与其语义不可分的。像上面的学生记录，其语义在不同应用环境下可能完全不同。例如，在高校毕业生管理系统中可表示"学生姓名、出生年月、所在学校、毕业年份"这样的语义，而在另一个系统中则可表示"学生姓名、出生年月、录取大学、入学时间"这一语义。

1.2.2　数据库与数据库模式

1. 数据库的概念和特点

简单地讲，数据库是一个存储数据的仓库。但是，这种定义肯定是不准确的，因为数据库中的数据并不是随意存放的，而是有一定的组织和类型特征。严格的数据库定义为：数据库 (Data Base，DB) 是长期存储在计算机内，有组织的、可共享的大量数据的集合。这个定义指出了数据库具有以下几个特点：

(1) 数据库是数据的集合，因此数据库只是一个符号的集合，本身是没有语义的。

(2) 数据库中的数据不是杂乱无章的，而是有组织的。确切地说，它是按一定的数据模型组织、描述和存储的。

(3) 数据库中存储的数据通常是海量的。如果是少量的数据，通常不需要使用数据库技术来管理，借助文件系统就可以实现。实际上，存储的数据量越大，越能体现数据库技术相对于文件系统的优势。

(4) 数据库通常是持久存储的，即存储在磁盘等持久存储的介质上。

(5) 数据库一般是被多用户共享的。换句话说，最早期的数据库一台电脑一个用户，数据集只为单用户服务，而在多用户共享的环境中，数据库技术的优点得到了充分发挥。目前，除了少数专用的数据库产品外，绝大多数商用数据库产品都是面向多用户应用的。

(6) 数据库一般服务于某个特定的应用，因此数据间联系密切，具有最小冗余度和较高的独立性。

现实世界中，海关、银行、航空公司、学校等的数据库，都是面向特定应用的数据库，不存在通用的数据库。即便都是学校数据库，不同的层次、类别等应用环境对数据组织、数据存储等也会有不同的要求。例如，某高等学校的图书数据库中需要存储每一种图书的供应商，而另一个中学的图书数据库中则可能不需要保存。这些都会影响数据库中数据的表示和组织方式。因此，数据库一般都是专门针对某个特定应用的。

2. 数据库模式

数据库本身是没有语义的，因此引入另一个概念即数据库模式 (Database Schema) 来表达数据库的语义。最常见的数据库模式定义为：数据库模式是数据库语义的表达，它是数据库中全体数据的逻辑结构和特征的描述。

图 1-4 所示是数据库与数据库模式的一个例子。在这个例子中，假设数据库中只存储了学生数据。图 1-4 的左边显示了使用关系数据模型表示的数据库结构与内容，即数据库中的数据一般都是按某种数据模型进行组织的；右边则分别显示了对应的数据库和数据库模式。关系数据模型是目前最流行的数据模型，现有的数据库产品大多是基于关系数据库模型，其基本数据结构就是图 1-4 左边显示的二维表格。二维表格本身包含了表头和表体 (即下面的数据行集合)，从概念上讲，二维表格的表头表示了下方数据行的语义，所对应的结构就是此二维表格的模式，此模式就是一个数据库模式)，而表体则构成了数据库，即一个数据的集合。

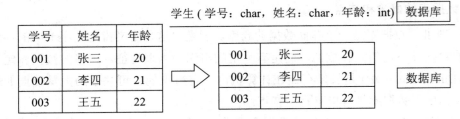

◆ 图 1-4　数据库与数据库模式示例

1.2.3　数据库管理系统

随着数据库技术的丰富和发展，数据库管理系统的概念应运而生。其定义为：数据库管理系统 (DBMS) 是一个用于创建、管理和维护数据库的大型计算机软件。

数据库管理系统从软件的分类角度来说，属于计算机系统软件。系统软件一般是管理计算机资源的软件。通常情况下，数据库管理系统运行在操作系统之上，用于管理计算机中的数据资源。也就是说，当涉及底层的磁盘操作时，数据库管理系统通常利用操作系统提供的磁盘存取服务来实现底层数据存取。用户还可以在数据库管理系统之上创建直接服务于应用的数据库应用系统 (即数据库应用软件)，从而构建基于数据库技术的应用软件，满足实际应用的需求。图 1-5 显示了用户应用、DBMS 和操作系统之间的层次架构。

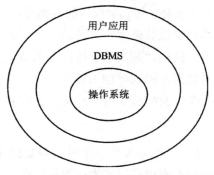

◆ 图 1-5　用户应用、DBMS 和操作系统之间的层次架构

在实际应用中常常见到的一些数据库产品，如 Oracle、Microsoft SQL Server 等，严格来讲是指 DBMS。但随着计算机软件技术和应用的不断发展，目前的 Oracle、Microsoft SQL Server 等已经不单纯是 DBMS，而是一套以 DBMS 为核心的套件。

1.2.4　数据库系统

数据库系统是一个更加宽广的概念，类似于计算机系统。其定义为：数据库系统 (DBS) 是指在计算机系统中引入了数据库后的系统，即采用了数据库技术的计算机系统。

数据库系统作为一个计算机系统，包含了软件、硬件、数据库、数据库管理人员、终端用户等要素，电子政务系统、银行信息系统等都可以称为数据库系统。在数据库系统中，用户可分为数据库管理员和终端用户两类，其中数据库管理员直接与 DBMS 打交道，终端用户直接与应用程序交互。一个系统可分为前台和后台，前台是终端用户，是应用，后台是管理、开发和维护。

1.3　数据库系统体系结构

1.3.1　ANSI/SPARC 体系结构

从软件架构上看，引入 DBMS 之后的系统中开始出现数据库服务器。其数据库体系结构 (或模式结构) 目前广泛采用的是 ANSI/SPARC 体系结构的架构。

ANSI/SPARC 体系结构是 1975 年由美国国家标准协会的计算机与信息处理委员会中的标准计划与需求委员会提出的数据库模式结构。它不仅可以用来解释已有的商用 DBMS 的数据库模式结构，也可以作为研发新型 DBMS 时的数据库模式组织标准。目前，Oracle、Microsoft SQL Server 等商用 DBMS 都遵循和支持 ANSI/SPARC 体系结构。

ANSI/SPARC 体系结构可以用一句话概括，即三级模式结构 + 两级映像。ANSI/SPARC 体系结构如图 1-6 所示。

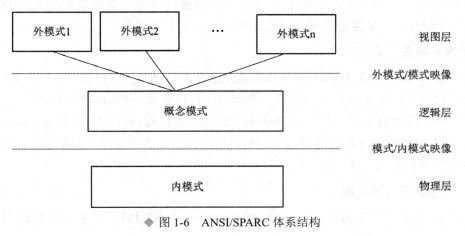

◆ 图 1-6　ANSI/SPARC 体系结构

ANSI/SPARC 体系结构的三级模式结构为：

(1) 概念模式：定义了逻辑层的模式结构，表示整个数据库的逻辑结构，如数据记录由哪些数据项构成，数据项的名称、类型、取值范围，数据之间的联系、数据的完整性等。一个数据库只有一个概念模式。ANSI/SPARC 体系结构中规定概念模式通过模式 DDL(Data Definition Language) 进行定义。DDL 是数据库语言的一种，主要功能是操纵数据库模式。

(2) 外模式：也称用户模式 (User Schema) 或子模式，它定义了视图层 (View Level) 的模式结构。例如，在一个图书馆数据库中，借书者眼里的数据库内容与图书馆工作人员眼里的数据库内容可能完全不同，借书者只看到图书名称、作者、出版社、ISBN 等内容，而图书馆工作人员看到的还有库存数、购买价格、购买单位等信息。在 ANSI/SPARC 体系结构中规定外模式通过外模式 DDL 进行定义。

(3) 内模式：定义了物理层的模式结构，它描述了数据库的物理存储结构和存储方式。与概念模式类似，一个数据库只有一个内模式。在 ANSI/SPARC 体系结构中规定内模式通过内模式 DDL 进行定义。

ANSI/SPARC 体系结构中的"两级映像"是指三级模式结构之间的"外模式/模式"映像和"模式/内模式"映像。这两级映像实现了三级模式结构间的联系和转换，使用户可以逻辑地处理数据，而不必关心数据的底层表示方式和存储方式。

假设有概念模式 Employee(E#，D#，Name，Salary)，下面的语句定义了外模式 Emp (Emp，Dept，Name)，同时也定义了"外模式/模式"映像。SQL 语句如下：

```
create view emp(emp,dept,name)
as
select e# as emp,d# as dept,name from employee
```

1.3.2 客户机/服务器结构和浏览器/服务器结构

从终端用户的角度看，数据库系统体系结构也可以说是数据库应用系统的体系结构。目前，最常见的是客户机/服务器结构和浏览器/服务器结构。

1. 客户机/服务器结构

客户机/服务器结构 (Client/Server Architecture，C/S 结构) 是 20 世纪 90 年代产生的一种数据库应用系统体系结构。客户机主要运行应用程序及一些前端的数据库开发工具；服务器主要提供 DBMS 的功能。在 Web 技术出现之前，客户机/服务器结构是最流行的架构。进入 21 世纪后，随着 Web 开发技术的发展，浏览器/服务器结构开始流行，越来越多的 Web 开发平台开始出现。

2. 浏览器/服务器结构

浏览器/服务器结构 (Browser/Server Architecture，B/S结构) 可以看成是 Web 时代的客

户机/服务器结构。浏览器/服务器结构的应用系统通常运行在 Internet 上，当然也可以只运行于局域网内，不过要求支持 TCP/IP，即 Intranet，如图1-7所示。

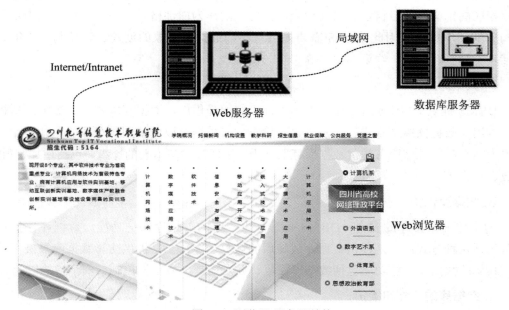

◆ 图 1-7　浏览器/服务器结构

与客户机/服务器结构比较，浏览器/服务器结构具有以下主要优点：

(1) 统一的客户机界面，维护和升级相对简单。在 B/S 结构中，客户机只要有浏览器即可，不需要另外安装应用程序。应用程序升级时，也只需要在 Web 服务器升级即可，因此大大降低了系统维护的工作量。

(2) 基于 Web 技术，支持互联网应用，服务器操作系统选择更多。互联网应用的优点是可以跨地域运行。传统的 C/S 结构的应用一般只能局限在局域网中。因此，对于电子商务系统、网上银行等应用，B/S 结构具有明显的优势。

但是，B/S 结构也存在以下缺点：

(1) 安全性问题，用户访问无地域限制。相比之下，由于 C/S 结构只运行在由局域网连接的系统内部，通常是一个部门或一栋大楼，其用户类型、访问来源、访问数量等都很容易控制，因此安全性要高很多。

(2) 开发工具的能力相对较弱，应用服务器运行数据负荷较重，存储服务更加重要。

▎ 1.4　DBMS 的功能

DBMS 作为系统软件，承担了计算机系统中数据资源管理的任务，其最基本的功能是创建、管理和维护数据库，此外还提供其他一些功能。

DBMS 的功能大致可归纳为以下几点。

1. 数据库定义

DBMS 提供 DDL 翻译处理程序、保密定义处理程序、完整性约束定义处理程序等，接收相应的定义，进行语法、语义检查，把它们翻译为内部格式。由于数据库是由若干对象构成的一个集合，因此 DBMS 需要提供对不同数据库对象的创建、管理和维护能力，包括表、视图、索引、约束、用户等。

2. 数据库操纵

DBMS 提供 DML 处理程序、终端查询语言解释程序、数据存取程序、数据更新程序等，对用户数据操纵请求进行语法、语义检查，有数据存取更新则执行存取更新操作。数据库为前端应用程序服务提供数据库存取能力，主要是对基本表的操纵，包括增加、删除、修改、查询等。

3. 数据库保护

为了保证数据库的安全，DBMS 必须提供一定的数据库保护功能。数据库保护功能通常包括两种方式：一是提供数据库故障后的恢复功能；二是提供防止数据库被破坏的技术。具体的数据库保护功能包括数据库恢复、并发控制、完整性控制、安全性控制等。

4. 数据库的建立和维护

DBMS 提供文件读写与维护程序、存取路径管理程序、缓冲区管理程序等，这些程序负责维护数据库的数据和存取路径。DBMS 提供初始数据的转换和装入、数据备份、数据库的重组织、性能监控和分析等功能，这些功能对于保证 DBMS 的实用性是必不可少的。

习　题

一、填空题

1. 1961 年，通用电气 (GE) 的 C. W. Bachman 设计了历史上第一个 DBMS——_____数据库系统集成数据存储 (IDS)。1968 年，IBM 设计了_____数据库系统 IMS。2007 年，_____数据库 (NoSQL) 技术开始提出并且马上得到了 Amazon、Google 等多个互联网企业的支持。

2. 从架构的观点看，数据库模式结构广泛采用的是_____体系结构的架构。

二、判断题

1. 在数据库管理阶段，数据的修改不会影响到应用程序的运行，具有高度的数据独立性。（   ）

2. 数据与其代表的语义是分不开的，在存储数据的同时必须知道数据所代表的语义。（   ）

3. 数据库管理系统从软件的分类角度来说，属于计算机系统软件。（   ）

三、单选题

1. 数据库系统的简称是（   ）。

A. DB   B. DBA   C. DBS   D. DBMS

2. 数据库管理员的简称是（   ）。

A. DB   B. DBA   C. DBS   D. DBMS

四、多选题

1. 体现"数据库"这个概念的意思表示有（   ）。

A. 数据库是数据的集合

B. 数据库中的数据不是杂乱无章的，而是有组织的

C. 数据库中存储的数据通常是海量的

D. 数据库通常是持久存储的

2. 与客户机/服务器结构比较，浏览器/服务器结构的主要优点有（   ）。

A. 统一的客户机界面，减少了应用安装和维护的工作量。

B. 基于 Web 技术，支持互联网应用

C. 用户访问无地域限制，安全性高

D. 应用系统通常运行在 Internet 之上，成本低廉

五、简答题

1. 数据库技术发展到数据库管理阶段时呈现出哪些特点？

2. DBMS 的基本功能有哪些？

六、实践题

在学校所在市区或户籍所在地范围内，联系一家使用 Microsoft SQL Server 数据库或其他数据库产品的科技类公司，完成认知学习。

要求：

(1) 了解公司的岗位设置情况。

(2) 了解从事数据库工作的人员情况。

第 2 章　关系数据模型与关系运算

　　数据模型是数据库中数据的存储方式，是数据库管理系统的基础，它描述了数据库中所有数据的数据结构、数据操作以及语义约束。数据模型一般分为概念数据模型和结构数据模型两类，它们从不同的层次对现实世界中的数据特征进行抽象，从而可以将现实世界数据表达并存储到数据库系统中。数据库历史上迄今为止最流行的数据模型是关系数据模型。深入了解和理解关系数据模型是掌握数据库技术的前提。

▶▶ 📡【思政案例】···

实施"东数西算"工程，建设数字中国

　　1998 年，美国副总统戈尔在加利福尼亚科学中心提出"数字地球"的概念，他认为"数字地球"是一种能嵌入海量地理数据、多分辨率和三维的地球描述方式。"数字地球"概念的提出旨在以遥感卫星图像为主要技术分析手段，在可持续发展、农业、资源、环境、全球变化、生态系统、水土循环系统等方面控制全球。为此，全世界各国也都高度重视和关注这一概念。"数字中国 (Digital China)"国家大数据战略也在这个大背景下孕育而生。

　　国家网络安全和信息化是事关国家的安全和发展，事关广大人民群众工作、生活的重大战略问题。"互联网＋"行动计划实施以来，以移动互联、云计算、大数据等为代表的新一代数字技术与交通、金融、零售、制造等传统产业纵向深度融合，裂变出共享经济、数字经济等新业态、新模式，在中国经济增长方式由"高速度"向"高质量"转变过程中起到越来越重要的作用。"数字中国"要建立健全大数据科学决策和社会治理的机制，实现政府决策科学化、社会治理精准化、公共服务高效化；以数据集中和共享为途径，推动技术融合、业务融合、数据融合，打通信息壁垒，形成覆盖全国、统筹利用、统一接入的数据共享大平台，构建全国信息资源共享体系。

　　2017 年 12 月，中共十九大报告提出"网络强国""交通强国""数字中国""智慧社会"等一系列概念，不断成长中的"数字中国"大大加速了中国社会的发展进程。2022 年，工业和信息化部等部委启动"东数西算"工程，即通过构建数据中心、云计算、大数据一体化的新型算力网络体系，将东部算力需求有序引导到西部，优化数据中心建设布局，促

进东西部协同联动，以 5G、IoT、云计算、AI 为代表的数字技术创新，将给所有产业带来进一步的繁荣，能够同时驱动数字经济和实体经济进一步增长。

大型纪录片《数字中国：大数据时代》由工业和信息化部、中央广播电视总台联合出品，国家工业信息安全发展研究中心、中央电视台纪录频道联合摄制。全片共 5 集，每集 50 分钟。该纪录片从 1000 余个大数据案例中筛选并确定了 29 个案例，以轻松活泼的表现方式，聚焦大数据技术在政府治理、民生服务、数据安全、工业制造、未来生活等方面带来的改变和影响，以宏大的国际视野，探讨中国大数据技术和应用创新。

思考：

1. 观看纪录片《数字中国：大数据时代》1～5 集，理解数字经济的内涵。

2. 我国提出"东数西算"工程建设有何重要意义？以此为主题撰写演讲稿。

2.1　数据模型概述

模型 (Model) 是对现实世界特征的抽象。数据模型也是一种模型，只不过它关心的是现实世界的数据特征。

2.1.1　数据模型的定义

数据模型 (Data Model) 是对现实世界数据特征的抽象，如数据的组成、数据之间的联系等。现实世界中的实体不仅具有数据特征，还具有其他特征，如行为特征等。但对于数据模型而言，只关心实体的数据特征。例如，"商品"是现实世界中的一个实体，数据模型关心的是"商品"这个实体由哪些属性来描述 (如品名、规格、计量单位、价格、重量和产地等)，它与其他实体之间有何联系 (如与"工厂"之间存在着制造关系等) 等内容。早期，一般把数据模型仅理解为数据结构，而现代则认为数据模型不仅提供数据表示的手段，还提供数据操作的类型和方法。

综上所述，数据模型是描述现实世界实体、实体之间的联系以及语义约束的模型。

2.1.2　数据模型的分类

根据对现实世界数据抽象层次的不同，可将数据模型分为概念数据模型和结构数据模型。两种数据模型之间的关系如图 2-1 所示。

概念数据模型又称语义数据模型，强调从用户的角度来描述现实世界的数据特征，着重于对实际数据需求的获取和表达，应该简单、清晰、易于用户理解。

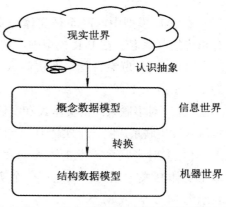

◆ 图2-1　概念数据模型与结构数据模型之间的关系

结构数据模型又称逻辑数据模型,是用户从数据库看到的模型,强调从数据库的角度来进行数据建模,具体表现为网状数据模型、层次数据模型等。数据库的逻辑结构包括数据结构、数据操作和数据约束三个要素。结构数据模型是 DBMS 的逻辑基础,任何一个DBMS 都是基于某种特定的结构数据模型的,既要面向用户,又要面向系统。

2.1.3 E-R 模型

当今数据时代,数据来源繁多,数据增长速度快,经常面临数据需求的变化,如何高效快捷地从繁杂的数据中获取信息,涉及数据建模的问题。在数据库领域已经提出了多种概念数据模型建模的方法,其中最著名和最流行的是 E-R 模型。

E-R 模型 (Entity-Relationship Model,实体-联系模型)是由美国路易斯安那州立大学的华裔教授 Peter P.Chen 于 1976 年提出的。E-R 模型提供不受任何 DBMS 约束的面向用户的表达方法,建模思想简单,语义表达能力强,一经推出,立即受到了工业界的欢迎,在数据库设计中被广泛用作数据建模的工具。E-R 模型的核心思想是将现实世界中的所有数据都表示为实体,然后在实体与实体之间建立相应的联系,并最终通过建立 E-R 图来表示所有的数据语义。

1. E-R 模型的组成

E-R 模型的构成要素,首先是实体和联系。又因为实体和联系都有其相应的属性,所以 E-R 模型的组成包括三个要素:实体、联系和属性。

1) 实体 (Entity)

实体是现实世界中可标识的对象,可以是物理实体,也可以是抽象实体。实体的一个重要特征是它在现实世界是可以唯一标识的,如果不能唯一标识,则必须进一步分解。此外,实体具有相应的实体名。

2) 联系 (Relationship)

在 E-R 模型中,联系是实体与实体之间的某种关联,通过连线表示出来。联系也具有相应的联系名。在 E-R 模型中,实体之间的联系分为三种类型:

(1) 一对一联系:指一个实体 A 只能与一个实体 B 发生联系,反之亦然。它通常表示为 1:1 或 1-1。

(2) 一对多联系:指实体 A 和实体 B 存在 1:N 联系,即一个实体 A 可以与一个或多个实体 B 发生联系,但一个实体 B 只能与一个实体 A 发生联系。它通常表示为 1:N 或 1-N。

(3) 多对多联系:指实体 A 与实体 B 存在 M:N 联系,即一个实体 A 可以与一个或多个实体 B 发生联系;反之,一个实体 B 也可以与一个或多个实体 A 发生联系。它通常表示为 M:N 或 M-N。

3) 属性 (Attribute)

实体内部和实体之间的联系都可以拥有一些描述自身特征的数据项,称为属性。实体内部通常有多个属性，构成一个属性集。在这些属性中，可以唯一标识实体属性的就是实体的码。实体之间的联系本身也可以有描述属性。

属性一般具有一个属性名和一个域。域代表了属性可以取值的范围。

2. E-R 模型的符号

E-R 模型通过建立由实体、联系和属性构成的 E-R 图来描述现实世界的数据需求，因此 E-R 模型也称为 E-R 图。

E-R 模型的基本符号如图 2-2 所示，实体集用矩形框表示，实体的属性用椭圆框表示，实体间的联系用菱形框表示，并附上相应的名称。

◆ 图 2-2　E-R 模型的基本符号

例如，一个公司业务流程的 E-R 模型设计如图 2-3 所示。

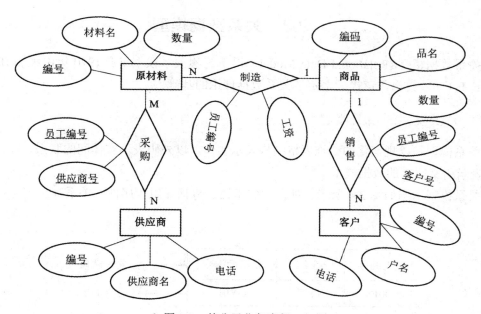

◆ 图 2-3　某公司业务流程 E-R 图

在该应用中，有四个实体：供应商、原材料、商品和客户。原材料与供应商是 M:N 的联系，商品与客户是 1:N 的联系。

3. E-R 模型的集成与优化

完成了各个底层子系统的 E-R 模型后，下一步将进行 E-R 模型的集成和优化。方法是，首先找出公共实体，然后基于公共实体进行合并，最后消除合并过程中出现的各种冲突。

E-R 模型在集成的过程中，可能出现的冲突大致有以下几种：

(1) 属性冲突。属性冲突主要表现为属性的类型冲突或值冲突，需要在集成时进一步统一化处理。

(2) 结构冲突。结构冲突有三种表现形式，即实体属性集不同、联系类型集不同以及同一对象在不同应用中的抽象不同，需要仔细分析，要么合并，要么统一。

(3) 命名冲突。命名冲突包括同名异义和异名同义两种情形，无论实体、联系还是属性都有可能出现，需要通过认真核对，发现并解决。

E-R 模型在优化过程中，可能出现的情形大致有以下几种：

(1) 合并实体。合并实体的目的是减少实体的数量。能否合并，还要看系统的性能需求和设计需求之间如何折中取舍。

(2) 消除冗余属性。底层子系统 E-R 图中一般不存在冗余，但集成后可能产生冗余属性。有两种情况：同一非码属性出现在几个实体中，一个属性可从其他属性值中导出。

(3) 消除冗余联系。所谓冗余联系，指的是两个实体之间的联系，可以通过其他的联系推理得到。

▎2.2 关系数据模型

关系数据模型 (Relational Data Model，以下简称关系模型) 于 1970 年由美国 IBM 公司的 E. F. Codd 提出，该模型奠定了关系数据理论的基础。

2.2.1 关系模型的相关概念

关系模型是以规范化的二维表格结构表示实体，以外码表示实体间的联系，以三类完整性表示语义约束的数据模型。

关系模型示例如图 2-4 所示，涉及一些术语，包括元组、属性、关系等。

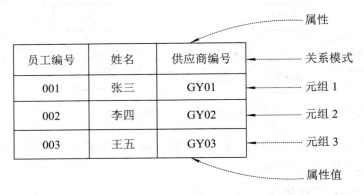

◆ 图 2-4 关系模型的相关概念示例

在关系模型中，所有实体都表示在一个二维表格结构中，每一个实体表示为表格中的一行，称为一个元组 (Tuple)。元组的数目称为关系的基数。元组本质上是数据，是一系列属性值的集合。

所有元组的集合构成一个关系 (Relation)。从形式上看，关系是二维表格中除表头部分的数据行的集合，是关系模型中表示和组织数据的唯一形式。需要说明的是，面向对象数据模型中的基本数据结构——对象，与关系数据模型中的元组类似，但对象之间存在继承、聚合和引用等复杂联系，因此要比关系复杂许多。

表的表头给出了所有元组的语义，代表整个关系的模式，称为关系模式 (Relational Schema)。从形式上看，关系模式对应二维表格的表头，它描述了关系的逻辑结构和特征。关系模式可以简化表示，例如供应商关系模式简化表示为 Supplier(gysnumber，gysname，telephone，address，materialnumber)。数据和语义是不可分的，脱离了语义的数据是没有意义的。关系的语义通过关系模式来定义。

表格的每一列称为一个属性 (Attribute)，属性有一个属性名及相应的域。属性的数目称为关系模式的度 (Degree)，元组的每一个值称为属性值。

关系数据库模式 (Relational Database Schema) 用于描述整个关系数据库的逻辑结构和特征。关系数据库模式的一个实例称为关系数据库。在关系模型中涉及以下几个码的概念：

(1) 超码 (Supper Key)：关系模式中能够唯一区分每个元组的属性集合。

(2) 候选码 (Candidate Key)：不含多余属性的超码。它是唯一区分元组的最小属性集。例如，职工关系模式中，职工号和身份证号都可以唯一区分职工，都是候选码。

(3) 主码 (Primary Key)：用户选定的作为元组标识的候选码，其他的候选码称为替换码 (Alternate Key)。主码在 E-R 图中以属性名加下画线表示。

2.2.2　关系的几个性质

关系模型是以二维表格形式的关系为基本数据结构，并且必须满足一定的规范，因此关系是规范化的二维表格，表现为以下几个性质：

(1) 属性值不可分解：每个属性值都是单一值，不能是一个值集。通俗地讲，就是不允许关系出现"表中表"。

(2) 元组不可重复：任何关系中都不允许存在重复元组。

(3) 关系没有行序：任何关系的元组之间没有顺序。

(4) 关系没有列序：任何关系的属性列之间没有顺序。

2.2.3　关系模型的完整性约束

关系模型通过四类完整性约束来表达数据的语义约束，即实体完整性、参照完整性、域完整性和用户自定义完整性。完整性约束 (Integral Constraint) 也称完整性规则 (Integral Rule)，是关系模式必须满足的一些谓词条件，体现为具体领域中的语义约束。依据完整性约束，关系模型可以表达丰富的语义约束条件。

1. 实体完整性

实体完整性 (Entity Integrity) 也称行完整性，是指关系模式的任一关系的主属性值 (候选码) 不可为空。图 2-5 为一个实体完整性示例。

采购员编号	供应商编号	材料数量	
001	Gys01	350	
002		170	⎫ 违背实体完整性要求
		210	⎭

◆ 图 2-5　实体完整性示例

图 2-5 中显示了一个采购关系，它的唯一候选码即主码为 { 采购员编号，供应商编号 }，因此主属性是采购员编号和供应商编号。所谓实体完整性，即要求关系的每一个元组的主属性都不能为空。

2. 参照完整性

参照完整性 (Referential Integerity) 也称引用完整性，定义在两个关系模式之上，涉及外码概念，用于保证相关表中数据的一致性。关系模式 R 的外码 (Foreign Key) 是指它的一个属性集 FK 满足两个条件：存在带有候选码 CK 的关系模式 S；R 的任一非空 FK 值都在 S 的 CK 中有一个相同的值。我们把 S 称为被参照关系 (Referenced Relation)，R 称为参照关系 (Referential Relation)。图 2-6 为一个外码的示例。

参照关系 R：采购　　　　　　　　　　　　　　被参照关系 S：采购部

订单号	采购员编号	供应商编号	材料数量		采购员编号	姓名	年龄
d01	001	gys01	210		001	张三	35
d02	001	gys02	500		002	李四	27
d03	002	gys03	320		003	王五	26

◆ 图 2-6　关系模式的外码示例

图 2-6 中被参照关系是 S(主表)，采购员编号是主码，参照关系是 R(子表)，采购员编号是外码。换句话说，R 的外码值（"采购员编号"）必须等于 S 中所参照的候选码（"采购员编号"）的某个值，或者为空。为空的前提是外码不是主属性，因为主属性是不能为空的。

以图 2-6 为例，如果在"采购"关系中插入一个新元组 {d04,004,150}，则违背了参照完整性，操作将被 DBMS 拒绝。原因是 004 这个"采购员编号"在 S 中不存在。

参照完整性和实体完整性都是为了保证数据库中的数据与现实世界的真实情况一致。

3. 域完整性

实体完整性和参照完整性给出了针对主码和外码的语义约束，但实际应用还常常要求对一些非码属性添加完整性约束，因此，在关系模型中引入了第三类完整性约束。

域完整性也称列完整性，是指定列的输入有效性，通过限制列的类型、格式和可能值的范围等方法加以实现。域完整性通常以不等式、等式等形式给出，并且可以通过逻辑操作符连接多个谓词条件。例如，材料规格只能是有限的几个规格 {111,121,211,333}，除此之外，都是不被允许的，可以使用"规格 in{111,121,211,333}"这样的表达式来定义约束。

4. 用户自定义完整性

这是用户根据实际应用的需要而自行定义的数据完整性。所有完整性类别都支持用户定义完整性，包括 Create Table 中所有列级约束和表级约束、存储过程及触发器。

例如，在订单表中，发货日期不能早于订货日期，因此，在使用 Update 或 Insert 操作创建触发器时，定义发货日期＞订货日期，否则会出错并回滚事务。

2.3　关系运算

关系运算是关系模型数据操作的主要实现方式，分为两类：一类是传统的集合运算（并、差、交、笛卡尔积），另一类是专门的关系运算（选择、投影、连接等）。任何关系运算的结果仍然是一个关系，有些查询需要几个基本运算的组合，要经过若干步骤才能完成。

关系运算操作有两种类型：一元操作和二元操作。一元操作是指只有一个运算对象的操作，二元操作是指有两个运算对象的操作，如并、交、差等操作。用户对关系运算的操作需求，表现为关系表达式。

1. 集合运算

已知关系 R 和关系 S 如图 2-7 所示，其四种集合操作如下：

(1) 并 (Union)。并即 R 和 S 具有相同的结构，其运算符为"∪"，记为 T = R ∪ S。

(2) 差 (Difference)。R 和 S 的差是由属于 R 但不属于 S 的元组组成的集合，其运算符为"−"，记为 T = R − S。

(3) 交 (Intersection)。R 和 S 的交是由既属于 R 又属于 S 的元组组成的集合，其运算符为"∩"，记为 T = R ∩ S。

(4) 笛卡尔积。R 和 S 的笛卡尔积是 R 和 S 的元组两两任意组合而得到的结果，其运算符为"×"，记为 T = R × S。

R			S		
A	B	C	A	E	F
11	12	13	11	12	13
21	22	23	21	22	13
31	32	33	31	31	32

◆ 图 2-7　关系 R 和 S

数据库SQL Server/SQLite 教程

上述四种运算结果如图 2-8 所示。

A	B	C
11	12	13
21	22	23
31	32	33
31	31	32

(a) R ∪ S

A	B	C
11	12	13

(c) R ∩ S

A	B	C
21	22	23
31	32	33

(b) R−S

A	B	C	A	B	C
11	12	13	11	12	13
11	12	13	21	22	13
11	12	13	31	31	32
21	22	23	11	12	13
21	22	23	21	22	13
21	22	23	31	31	32
31	32	33	11	12	13
31	32	33	21	22	13
31	32	33	31	31	32

(d) R×S

◆ 图 2-8　关系 R 和 S 的四种集合运算结果

2. 专门的关系运算

专门的关系运算包括选择、投影、连接和除法运算。

假设关系 R 和 S 如图 2-9 所示，下面讨论专门的关系运算。

R

A	B	C
11	12	13
21	22	23
31	32	33

S

A	E	F
11	12	13
21	22	13
31	31	32

◆ 图 2-9　关系 R 和 S

1) 选择

从关系中找出满足给定条件的元组的操作 (where)，其中条件以逻辑表达式给出，值为真的元组将被选取。这种运算是从水平方向抽取元组。例如：

select * from R where B in(12,32)

运算结果如图 2-10 所示。

A	B	C
11	12	13
31	32	33

◆ 图 2-10　关系 R 和 S 的选择运算结果

2) 投影

从关系模式中指定若干个属性组成新的关系，这是从列的方向进行的运算。例如：

select A,B from R

运算结果如图 2-11 所示。

A	B
11	12
21	22
31	32

◆ 图 2-11　关系 R 和 S 的投影运算结果

3) 连接

将两个关系模式拼接成一个更宽的关系模式，生成的新关系中包含满足联系条件的组合 (Inner Join)。运算过程是通过连接条件来控制的，连接条件中将出现以下两个关系中的公共属性名或具有相同语义、可比的属性。

(1) 自然连接。自然连接是去掉重复属性的等值连接，是最常用的连接运算，在关系运算中起重要作用。

(2) 等值连接。在连接运算中，按照字段值对应相等为条件进行的连接操作，称为等值连接。例如：

select A,B,C,E,F from R,S where R.A=S.A

运算结果如图 2-12 所示。

A	B	C	E	F
11	12	13	12	13
21	22	23	22	13
31	32	33	31	32

◆ 图 2-12　关系 R 和 S 的连接运算结果

选择和投影运算都属于一元操作，它们的操作对象只是一个关系。连接运算是二元操作，需要两个关系作为操作对象。

习　题

一、填空题

1. 数据模型是描述现实世界＿＿＿＿及它们之间的＿＿＿＿、＿＿＿＿的模型。

2. 根据对现实世界数据＿＿＿＿＿的不同，数据模型可分概念数据模型和＿＿＿＿＿数据模型两种。

3. 关系模型是以规范化的＿＿＿＿＿结构表示实体，以＿＿＿＿＿表示实体间联系，以＿＿＿＿＿表示语义约束的数据模型。

二、判断题

1. 概念数据模型又称语义数据模型，强调从用户的角度来描述现实世界的数据特征。（　　　）

2. 从形式上看，关系模式对应二维表格的表头，它描述了关系的逻辑结构和特征。（　　　）

3. 关系数据库模式的一个实例称为关系数据库。（　　　）

三、单选题

1. 关系模式中能够唯一区分每个元组的属性集合是（　　　）。

A. 超码　　　　　　B. 候选码　　　　　　C. 主码　　　　　　D. 替换码

2. 关系模式的任一关系的主属性值（候选码）不可为空，是（　　　）。

A. 实体完整性　　　B. 参照完整性　　　C. 自定义完整性　　D. 域完整性

3. 通过指定列的输入有效性，即限制列的类型、格式、可能值的范围等方法加以实现完整性约束，称之为（　　　）。

A. 实体完整性　　　B. 参照完整性　　　C. 域完整性　　　　D. 用户自定义完整性

4. 关系 R 有 7 个元组，关系 S 有 5 个元组，R 和 S 的笛卡尔积有（　　　）个元组。

A. 5　　　　　　　B. 7　　　　　　　C. 12　　　　　　　D. 35

5. 从关系中找出满足给定条件的元组的操作(where)，其中条件是以逻辑表达式给出，值为真的元组将被选取，这种运算称为（　　　）。

A. 选择　　　　　　B. 投影　　　　　　C. 自然连接　　　　D. 等值连接

四、多选题

1. E-R 模型的组成要素有（　　　）。

A. 实体　　　　　　B. 联系　　　　　　C. 属性　　　　　　D. 符号

2. 在 E-R 模型中，实体之间的联系的类型有（　　　）。

A. 1：1 联系　　　B. 1：N 联系　　　C. M：M 联系　　　　D. M：N 联系

3. E-R 模型在集成过程中，可能出现的冲突大致有（　　　）。

A. 实体冲突　　　　B. 属性冲突　　　C. 结构冲突　　　　D. 命名冲突

4. 关系是规范化的二维表格，其性质有（　　　）。

A. 属性值不可分解　　　　　　　　B. 元组不可重复

C. 关系没有行序　　　　　　　　　D. 关系没有列序

五、实践题

依据数据模型的基本理论，以某一科技类公司为例，了解并熟悉该公司的业务部门及其业务流程。

要求：

(1) 设计出至少 3 个底层子系统 E-R 图。

(2) 合并分 E-R 图。

第 3 章　数据库基础

　　计算机信息管理技术和信息管理应用系统的发展为数据库理论和数据库应用系统的发展提供了强大的推动力。无论是基于 C/S 模式还是基于 B/S 模式，信息管理系统的开发都离不开数据库系统。不论是加入许多新特性的 Visual Foxpro 数据库，还是 SQL Server、Oracles、MySQL、Sybase 等数据库，都在微型计算机上得到了推广运用，服务于人们的学习和工作。

▶▶ 【思政案例】..

Alibaba 时空数据库

　　人类已跨入万物互联的时代。城市与工业物联网、智能硬件等设备正时刻产出海量的时空动态数据 (如物联网数据、位置、轨迹等)。这种数据类型增量大、时效性高，是智能时代的基础数据资源，在物流配送、互联网出行、社交平台、工业制造和城市管理等多领域具有极高的应用价值。

　　时空数据就是同时具有时间和空间维度的数据，现实世界中的数据超过 80% 与地理位置有关。时空大数据包括时间、空间、专题属性三维信息，具有多源、海量、更新快速的综合特点。时空数据库是存储、管理随时间变化，其空间位置和 / 或范围也发生变化的时空对象的数据库系统。

　　传感器网络、移动互联网、射频识别、全球定位系统等设备时刻输出时间和空间数据，数据量增长非常迅速，这对存储和管理时空数据带来了挑战，传统数据库很难应对时空数据。阿里云时空数据库具有时空数据模型、时空索引和时空算子，完全兼容 SQL 及 SQL/MM 标准，支持时空数据同业务数据一体化存储，无缝衔接，易于集成使用。

　　Alibaba Cloud 时间序列数据库 (Time Series DataBase，TSDB) 是一种集时序数据高效读写、压缩存储和实时计算能力为一体的数据库服务，可广泛应用于物联网和互联网领域，实现对设备及业务服务的实时监控，实时预测告警。

　　超擎公司自主研发了面向时空动态数据的新一代分布式 NoSQL 数据库 SuperScylla，是一款应对大规模、高密集、高并发时空数据的利器，提供时空数据的接入、管理、查询等基础数据管理能力，可广泛应用于海量物联网、轨迹等数据的高并发写入、管理与分析等场景，为政企用户时空数据的存储、查询等带来跨越式的性能提升，化解在业务增长、订单高峰、大规模部署、多地分布等多个典型场景下的应用困境。

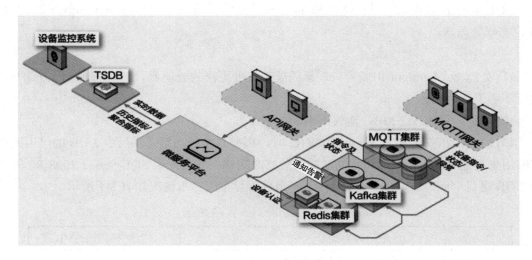

◆ 图3-1　TSDB示意图

思考：

以排名在前的几款国产数据库软件为例，说明它们未来的发展方向和前景。

3.1 SQL Server 数据库管理系统

3.1.1 SQL Server 概述

SQL Server 是一个关系数据库管理系统。它最初是由 Microsoft、Sybase 和 Ashton-Tate 三家公司共同开发的，于 1988 年推出了第一个 OS/2 版本，随后推出了 SQL Server 7.0、SQL Server 2000、SQL Server 2008、SQL Server 2015、SQL Server 2019 等版本。

本书以 SQL Server 2008 R2 为例，介绍 SQL Server。SQL Server 2008 R2 是 Microsoft 公司 2010 年推出的 SQL Server 数据库管理系统，它可以将结构化、半结构化和非结构化文档的数据（如图像和音乐）直接存储到数据库中，提供丰富的集成服务，可以对数据进行查询、搜索、同步、报告和分析之类的操作。数据可以存储在从数据中心最大的服务器一直到桌面计算机和移动设备的各种设备上。

SQL Server 2008 R2 提供了一个可信的、高效率的智能数据平台，允许在使用 Microsoft.NET 和 Visual Studio 开发的自定义应用程序中使用数据。SQL Server 2008 R2 提供的版本有企业版、标准版、开发版、学习版等版本。本书以学习版为例，学习版是 SQL Server 的一个免费版本。

3.1.2 SQL Server 2008 R2 的安装

1. 安装需求

SQL Server 2008 R2 支持 32 位和 64 位操作系统，这里主要介绍 SQL Server 2008 R2 64 位的安装需求。

1) 硬件需求

(1) 处理器：Pentium III 兼容处理器或处理速度更快的处理器。CPU 最低为 1.0 GHz，建议不小于 2.0 GHz。

(2) 内存：最小 512 MB，建议不小于 2 GB。

(3) 硬盘：在安装 SQL Server 2008 R2 时，需要系统驱动器提供至少 2 GB 的可用磁盘空间用来存储 Windows Installer 创建的安装临时文件。安全安装 SQL Server 2008 R2 需要约 2 GB 磁盘空间，SQL Server 2008 R2 各组件磁盘空间需求情况如表 3-1 所示。

表 3-1　SQL Server 2008 R2 各功能组件磁盘需求

功　　能	磁盘空间需求 /MB
数据库引擎和数据文件、复制及全文搜索	280
Analysis Servicest 和数据文件	90
Reporting Services 和报表管理器	120
Integration Services	120
客户端组件	850
SQL Server 联机丛书和 SQL Server Compact 联机丛书	240

(4) 显示器：VGA 或更高分辨率，SQL Server 图形工具要求 1024×768 像素或更高分辨率。

2) 软件需求

(1) 框架支持：安装 SQL Server 2008 R2 所需的软件组件有 SQL Server Native Client (SQL Server 本地客户端)；.NET Framework 3.5 SP1(.NET 框架)；SQL Server 2008 R2 安装程序支持文件。

(2) 软件：Microsoft Windows Installer 4.5 或更高版本。Microsoft 数据访问组件 (MDAC) 2.8 SP1 或更高版本。

(3) 操作系统：Windows 10 操作系统。

2. 安装步骤

以 Windows 10 为操作系统平台，SQL Server 2008 R2 学习版安装文件已经下载到 D 盘的 sq 文件夹，其安装过程如下：

(1) 展开 D:\sq 文件夹，双击 "setup" 安装应用程序，如图 3-2 所示。

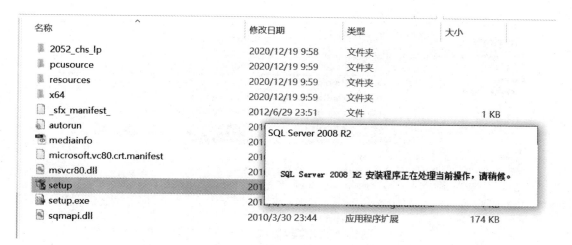

◆ 图 3-2　启动 SQL Server 2008 R2 安装文件

(2) 如果出现 Microsoft .NET Framework 安装对话框，则勾选接受许可并安装。必备组件安装完成后，安装向导进入"SQL Server 安装中心"，如图 3-3 所示。单击"全新安装或向现有安装添加功能"选项，安装向导进行"安装程序支持规则"检查。

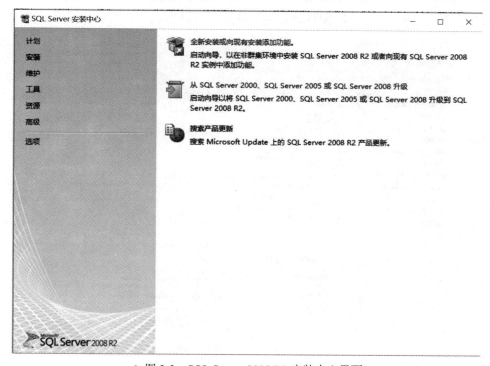

◆ 图 3-3　SQL Server 2008 R2 安装中心界面

(3) 通过安装程序支持规则检查以后，进入"许可条款"操作界面，勾选"我接受许可条款"，如图 3-4 所示。再次检查安装程序支持文件，如果通过则进入"功能选择"界面。

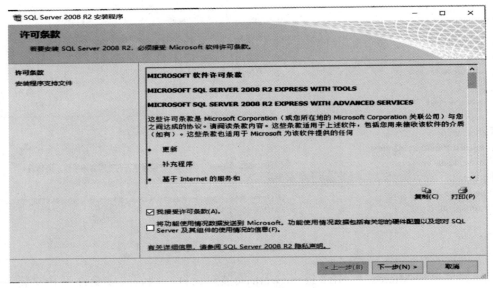

◆ 图 3-4 "许可条款"界面

(4) 在如图 3-5 所示的"功能选择"界面单击"全选"按钮，单击"下一步"，进入"实例配置"界面。注意："共享功能目录"的文件夹不可以更改，否则安装过程出错。

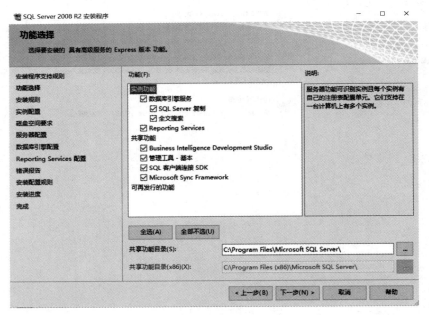

◆ 图 3-5 "功能选择"界面

(5) 在如图 3-6 所示的"实例配置"界面，用户可以使用默认实例名 MSSQLSERVER，也可以选择命名实例 SQLExpress，实例根目录为 C:\Program Files\Microsoft SQL Server\。单击"下一步"进入"服务器配置"界面。

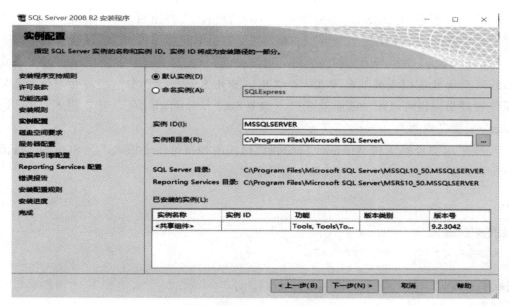

◆ 图 3-6　"实例配置"界面

(6) 在"服务器配置"界面，根据选择的安装功能指定 SQL Server 服务的登录账户。可以为所有 SQL Server 服务分配相同的登录账户，也可以分别配置每个服务账户，还可以指定服务类型为自动、手动或禁用，如图 3-7 所示。

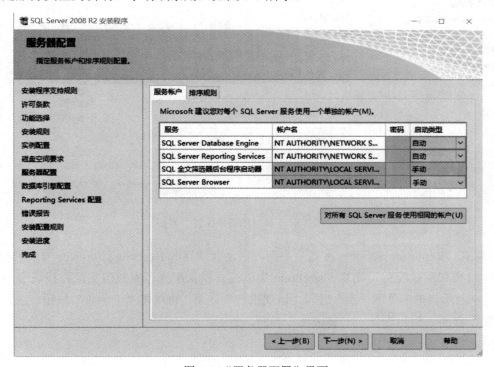

◆ 图 3-7　"服务器配置"界面

单击"对所有 SQL Server 服务使用相同的账户 (U)"弹出对话框，单击"浏览 ..."选择账户，设置密码。单击"下一步"进入"数据库引擎配置"界面。

（7）在"数据库引擎配置"界面，可以设置 SQL Server 实例的身份验证模式为 Windows 身份验证模式或混合模式。在"指定 SQL Server 管理员"栏，必须至少指定一个系统管理员，也可以添加或删除账户，如图 3-8 所示。单击"下一步"进入"Reporting Services 配置"界面。

可以采用混合模式和 Windows 身份验证模式两种身份验证模式，为 SQL Server 系统管理员 SA 账户指定密码，为后续第 9 章的学习做好准备。

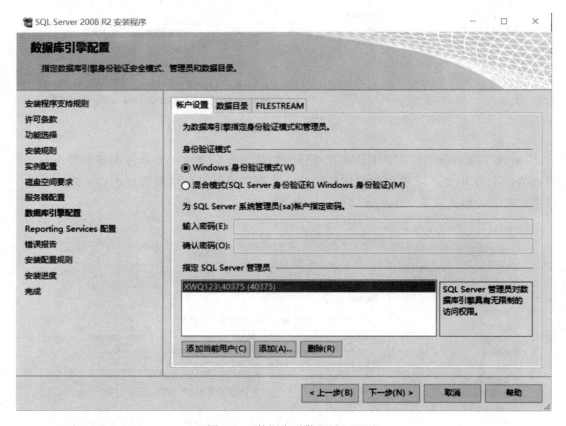

◆ 图 3-8 "数据库引擎配置"界面

（8）在"Reporting Services 配置"界面，指定要创建的 Reporting Services 安装的类型：安装本机模式默认配置、安装 SharePoint 集成模式默认配置、安装但不配置报表服务器，如图 3-9 所示。单击"下一步"进入"错误报告"界面，再单击"下一步"按钮，进入"安装规则"界面，然后进入"安装进度"界面。

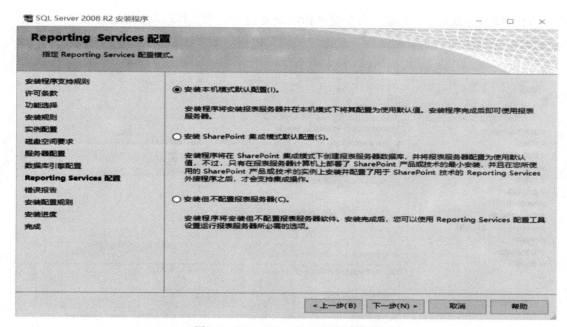

◆ 图 3-9　"Reporting Services" 配置界面

(9) 在"安装进度"界面，监视安装进度，如图 3-10 所示。

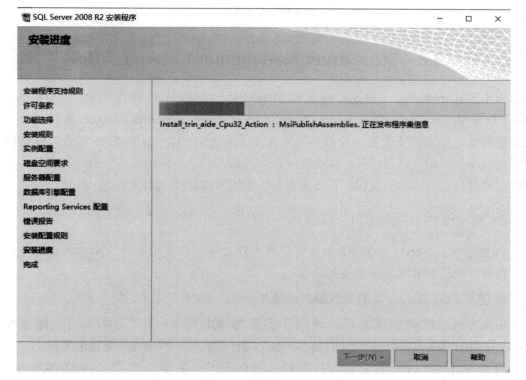

◆ 图 3-10　"安装进度"界面

(10) 安装完成后，"完成"页会提供指向安装摘要日志文件以及其他重要说明的链接，提示已完成 SQL Server 安装过程，单击"关闭"按钮，如图 3-11 所示。

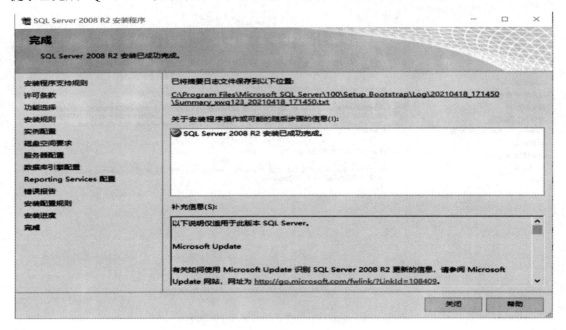

◆ 图 3-11　安装完成界面

3.2　SQL Server Management Studio 的使用

SQL Server Management Studio(简称 SSMS) 是一个访问、配置和管理所有 SQL Server 组件 (数据库引擎、Analysis Services、Integration Services、Reporting Services 和 XQuery 等) 的集成环境，提供用于配置、监视和管理 SQL 实例的工具，使用 SSMS 部署、监视和升级应用程序使用的数据层组件，以及生成查询和脚本，使各种技术水平的开发人员和管理员可以通过易用的图形工具和丰富的脚本编辑器使用和管理 SQL Server。

3.2.1　启动 SQL Server 2008 R2 服务器

在使用 SQL Server 2008 R2 数据库管理系统之前，必须先启动 SQL Server 服务。下面介绍两种启动 SQL Server 服务的方法。

1. 使用 SQL Server 配置管理器启动服务

SQL Server 配置管理器是一种用于管理与 SQL Server 相关联的服务、配置 SQL Server 使用的网络协议以及从 SQL Server 客户端计算机管理网络连接配置的工具。

打开 SQL Server 配置管理器：开始→所有程序→单击展开"Microsoft SQL Server 2008 R2"→单击展开"配置工具"→ SQL Server 配置管理器，如图 3-12 所示。在 SQL

Server 配置管理器中单击"SQL Server 服务"，在详细信息窗格中，右键单击"SQL Server(SQLEXPRESS)"，弹出菜单，然后单击"启动"即可；反之则可停止。同理，可以启动或停止其他 SQL Server 服务 (如 Analysis、Reporting)。

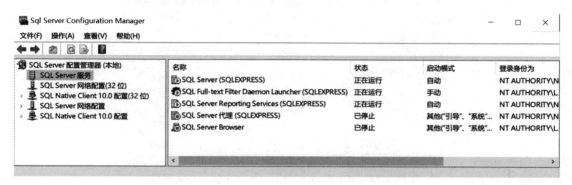

◆ 图 3-12　SQL Server 配置管理器

2. 使用 Windows 服务管理器启动服务

打开 Windows 服务管理：在桌面上选中"我的电脑"，右击鼠标，在弹出的快捷菜单中选择"管理"，打开"计算机管理"操作界面，单击"服务和应用程序"→双击"SQL Server 配置管理器"→双击展开"SQL Server 服务"→右击"SQL Server(SQLEXPRESS)"→弹出快捷菜单，单击"启动"按钮，即可启动 SQL Server 服务，如图 3-13 所示。执行类似的操作可以启动其他的选项。

◆ 图 3-13　计算机管理启动 SQL Server 服务

3.2.2　启动 SQL Server Management Studio

单击"开始"→"所有程序"→单击展开"Microsoft SQL Server 2008 R2"→单击"SQL Server Management Studio"，如图 3-14 所示。

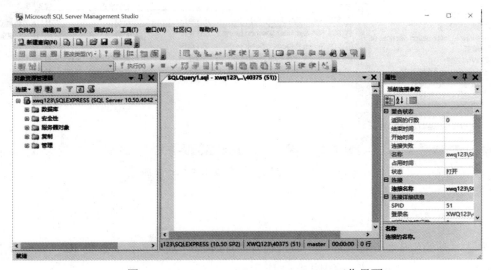

◆ 图 3-14　SQL Server Management Studio 登录窗口

在"连接到服务器"对话框中需要指定服务器类型、服务器名称、身份验证。其中，服务器类型有"数据库引擎""Analysis Services""Reporting Services""Integration Services"等选项。服务器名称：服务器名称 \ 实例名称，如 xwq123\SQLEXPRESS。身份验证：可设置"Windows 身份验证"和"SQL Server 身份验证"两种。

SQL Server Management Studio 不仅可以连接本地数据库服务器，还可以连接远程数据库服务器，并将其显示在同一工作界面上。单击图 3-14 所示的"连接到服务器"界面中的"连接"按钮，进入"Microsoft SQL Server Management Studio"工作界面。

SSMS 工作界面是一个标准的 Windows 界面，由标题栏、菜单栏、工具条、属性面板和树窗口组成。单击"新建查询"，在工作窗口打开脚本文件 *.sql 文件，进入编辑界面，如图 3-15 所示。

◆ 图 3-15　SQL Server Management Studio 工作界面

3.3　标识符概述

数据库对象的名称即为标识符，SQL Server 中的所有内容都可以有标识符。服务器、数据库和数据库对象 (例如表、视图、列、索引、存储过程、触发器、约束及规则等) 也都可以有标识符。使用标识符要注意以下几点：

(1) 标识符必须是统一码 (Unicode2.0) 标准中规定的字符以及其他一些语言字符 (如汉字)，如表 3-2 所示。

表 3-2　可用作标识符的字符

类　型	说　明
英文字符	A ～ Z、a ～ z，在 SQL 中不区分大小写
数字	0 ～ 9，不能作为第一个字符
特殊字符	_、#、@、$，但 $ 不作为第一个字符
特殊语系的合法文字	如中文汉字

(2) 标识符不能有空格或特殊字符 _、#、@、$ 以外的字符。

(3) 标识符不允许是 Tansact-SQL 的保留字。

(4) 标识符长度不得超过 128 个字符。

另外，在 SQL Server 中，还有许多具有特殊意义的标识符，如表 3-3 所示。

表 3-3　特殊的标识符

开头字符	示　例	意　义
@	@var	局部变量名称必须以 @ 开头
@@	@@error	内置全局变量以 @@ 开头
#	#table	局部临时数据表 (或存储过程)
##	##table	全局临时数据表 (或存储过程)

3.4　SQL Server 内置系统数据库

1. 系统数据库

启动 SQL Server Management Studio 连接数据库引擎后，展开"数据库"→"系统数据库"文件夹，可以看到 master、model、msdb 和 tempdb 4 个系统数据库。具体如下：

(1) master：记录 SQL Server 系统的所有系统级别信息，包括登录账户、系统配置和 SQL Server 初始化信息。

(2) model：用于创建数据库的模板。

(3) msdb：供 SQL Server 代理程序调度警报、作业和记录操作员时使用。

(4) tempdb：保存所有的临时表和临时存储过程。每次启动时都重新创建 tempdb，并根据需要自动增长。

2. 报表数据库

SQL Server 中的服务器除了数据库引擎外，还有 Analysis Services(分析服务器)、Reporting Services(报表服务器) 等，其中报表服务器使用 SQL Server 数据库引擎来存储元数据和对象定义。为了将永久性数据存储与临时存储要求分开，Reporting Services 使用两个 SQL Server 关系数据库用作内部存储，在默认情况下，这两个数据库分别命名为 Reportserver 和 ReportserverTempDB，随报表服务器主数据库一同创建，用于存储临时数据、会话信息和缓存的报表。根据本例的数据库实例名 SQLEXPRESS，这两个报表数据库名称为 "Reportserver$-SQL-EXPRESS" 和 "Reportserver$SQLEXPRESSTempDB"。

3.5　SQL Server 系统内置函数

为了让用户更方便地对数据库进行操作，SQL Server 在 T-SQL 中提供了许多内置函数，用户可以通过调用内置函数并为其提供所需要的参数来执行一些特殊的运算或完成复杂的操作。函数其实就是一段程序代码，T-SQL 提供的函数有系统函数、字符串函数、日期和时间函数、数学函数、转换函数等。

3.5.1　系统函数

系统函数用于获取有关计算机系统、用户、数据库和数据库对象的信息。可以在不直接访问系统表的情况下，获取 SQL Server 系统表中的信息。用户在得到信息后使用条件语句，根据返回的信息进行不同的操作。与其他函数一样，可以在 select 语句的 select 和 where 子句以及表达式中使用系统函数。系统函数的类型如表 3-4 所示。

表 3-4　系统函数的类型

系统函数名称	功　能	系统函数名称	功　能
db_id	返回数据库 ID	user_id	返回用户 ID
db_name	返回数据库名称	user_name	返回用户名称
host_id	返回主机 ID	col_name	返回列名
host_name	返回主机名称	col_length	返回列长度

例 3-1　返回图书信息表 books 中 bookid 为 1、书名 title 列的长度及其值的长度。代码如下：

```
select col_length('books', 'title') as name_col_length,datalength(title) as title_data_length
from books where bookid=1
```

3.5.2　字符串函数

字符串函数对二进制数据、字符串和表达式执行不同的运算。此类型函数作用于

char、varchar、binary 和 varbinary 数据类型以及可以隐式转换为 char 或 varchar 的数据类型。可以在 select 语句的 select 和 where 子句及表达式中使用字符串函数。字符串函数的类型如下。

1. 字符转换函数

1) ascii()

功能：返回字符表达式最左端字符的 ASCII 码值。

语法：ascii(character_expression)

返回类型：int

示例：select ascii(123),ascii('A')，返回结果为 "49" "65"。

2) char()

功能：用于将 ascii 码转换为字符。

语法：char(integer_expression)

返回类型：char

示例：select char(65),char(123)，返回结果为 "A" "{"。

3) lower()

功能：把字符串全部转换为小写。

语法：lower(character_expression)

返回类型：varchar

示例：select lower('abc')，lower('A 李 C')，返回结果为 "abc" "a 李 c"。

4) upper()

功能：把字符串全部转换为大写。

语法：upper(character_expression)

返回类型：varchar

示例：select upper('Abc'),upper('a 李 c')，返回结果为 "ABC" "A 李 C"。

5) str()

功能：把数值型数据转换为字符型数据。

语法：str(float_expression[,length[,decimal]])

返回类型：char

说明：length 指定返回字符串的长度，decimal 指定返回的小数位数。如果没有指定，则 length 的值为 10，decimal 缺省值为 0。

示例：select str(123.5),str(123456,3),str(123.456,8,2),str(-12123.456,8,2)，其返回的结果为 "124" "···" "123.46" "-12123.5"。

2. 去空格函数

1) ltrim()

功能：把字符串头部的空格去掉。

语法：ltrim(character_expression)

返回类型：varchar

示例：select ltrim('A')，返回结果为"A"。

2) rtrim()

功能：把字符串尾部的空格去掉。

语法：rtrim(character_expression)

返回类型：varchar

示例：select ltrim('A')，rtrim(' 李 ')，返回结果为"A""李"。

例 3-2　去掉字符串头部和尾部的空格。

示例：select rtrim(ltrim(' 李 '))，返回的结果为"李"。

3. 取子串函数

1) left()

功能：返回从字符串左边开始指定个数的字符。

语法：left(character_expression,integer_expression)

返回类型：varchar

示例：select left('ABC',2),left('A 西林 C'，2)，其返回的结果为"AB""A 西"。

2) right()

功能：返回从字符串右边开始指定个数的字符。

语法：right(character_expression,integer_expression)

返回类型：varchar

示例：select right('ABC',2),right('A 西林 C'，2)，其返回的结果为"BC""林 C"。

3) substring()

功能：返回字符串、binary、text 表达式的一部分。

语法：substring(expression,start,length)

返回类型：varchar，nvarchar，varbinary

示例：select substring('ABC',2,1),substring('ABC',2,4)，其返回的结果为"B""BC"。

4. 字符串比较函数

1) charindex()

功能：返回字符串中某个指定的子串出现的起始位置。

语法：charindex(substring_expression,expression[,start_location])，其中 substring_expression 是所要查找的字符表达式；expression 可为字符串也可为列名表达式；start_location 表示要查询的开始位置，省略该参数默认为1。如果没有发现子串则返回 0 值。此函数不能用于 text 和 image 数据类型。

返回类型：int

示例：select charindex('B', 'ABC'),charindex('AD', 'ABCD'),charindex('B', 'ABCDEF',3)，其返回的结果为"2""0""0"。

2) replace()

功能：用第三个表达式替换第一个字符串表达式中出现的所有第二个给定字符串表达式。

语法：replace('string_expression1', 'string_expression2', 'string_expression3')

返回类型：与表达式类型一致

示例：select replace('ABC', 'B', '12'),replace('ABCD', 'BD', 'ERR')，其返回的结果为"A12C""ABCD"。

3.5.3　日期和时间函数

日期和时间函数用来显示关于日期和时间的信息，其数据类型为 datetime 和 smalldatetime 值，可以对这些值执行算术运算，最后将返回一个字符串、数字值或日期和时间值。

1) day()

功能：返回 date_expression 中的日期值。

语法：day(date_expression)

返回类型：int

示例：select day('2018-05-01'),day('05/04/2018')，其返回的结果为"1"和"4"。

2) month()

功能：返回 date_expression 中的月份值。

语法：month(date_expression)

返回类型：int

示例：select month('2018-05-01'),month('06-01-2018')，其返回的结果值为"5"和"6"。

3) year()

功能：返回 date_expression 中的年份值。

语法：year(date_expression)

返回类型：int

示例：select year('2018-05-01'),year('06-01-2019')，其返回的结果值为"2018"和"2019"。

4) getdate()

功能：按 datetime 数据类型格式返回当前系统日期和时间。

语法：getdate()

返回类型：datetime

示例：select getdate()，其返回当前日期和时间。

5) datepart()

功能：返回代表指定日期的指定日期部分的整数。

语法：datepart(datepart,date)

返回类型：int

示例：select datepart(year,getdate()),datepart(month, '2018-05-01')，其返回的结果为"2021"和"5"。

6) dateadd()

功能：在向指定日期加上一段时间的基础上，返回新的 datetime 值。

语法：dateadd(datepart,number,date)

返回类型：datetime

示例：select dateadd(day,20, '2020-05-01')，其返回的结果为"2020-05-21 00:00:00.000"。

7) datediff()

功能：返回跨两个指定日期的日期和时间边界数。

语法：datediff(datepart,startdate,enddate)

返回类型：int

示例：select datediff(day, '2018-03-01', '2018-05-01')，其返回的结果为"61"。

3.5.4 其他函数

1. round()

功能：返回数字表达式并四舍五入为指定的长度或精度。

语法：round(numeric_expression,length[,function])

返回类型：与 numeric_expression 相同

示例：select round(24.567,2),round(24.25,0)，其返回的结果为"24.570"和"24.00"。

2. case()

在 T-SQL 语句中，可以使用 case 语句实现程序中多条件分支。

1) 简单 case 函数

功能：将某个表达式与一组简单表达式进行比较以确定结果。

语法格式：

```
case input_expression
    when when_expression  then result_expression
    [...n]
    else else_result_expression
end
```

例 3-3　查询学生信息，将性别以英文显示。代码如下：

```
select studno,studname,
    学生性别 =case studsex
```

```
            when ' 男 ' then 'male'
            when ' 女 ' then 'female'
            else ' 性别不详 '
        end
    from studinfo
```

2) case 搜索函数

功能：计算一组布尔表达式以确定结果。

语法格式：

```
    case
        when boolean_expression then result_expression
        [...n]
        else else_result_expression
    end
```

例 3-4　统计各学生的平均分，并按等级显示。代码如下：

```
select studno,avg(studscore) avgscore,
case when avg(studscore)>=90 then "优秀"
when avg(studscore)>=80 and avg(studscore)<90 then "优秀"
when avg(studscore)>=70 then "中等"
when avg(studscore)>=60 then "及格"
else "不及格"
end as scorelevel
from studscoreinfo group by studno
```

习　题

一、填空题

1. 在"服务器引擎配置"界面，可以设置 SQL Server 实例的身份验证模式为＿＿＿＿＿模式或＿＿＿＿＿＿模式。

2. 系统函数 col_length 的功能是返回＿＿＿＿＿的长度，有＿＿＿＿＿个参数。

3. select str(123.5)，str(123456,5)，str(123.456,8,2)，str(-12123.456,8,2)，其返回的结果

为_____、_____、_____、_____。

　　4. select right('ABC',2), month('2018-05-01')，charindex('B', 'ABC')，其返回的结果为

_____、_____、_____。

　　5. select substring('ABCD',2,1),round(24.25,0)，其返回的结果为_____、_____。

二、判断题

　　1. SQL Server 2008 R2 是 Microsoft 公司 2010 年推出的一个 SQL Server 数据库管理系统，它可以将结构化、半结构化和非结构化文档的数据（如图像和音乐）直接存储到数据库中。（　　　）

　　2. 在 SQL Server 中，必须至少指定一个系统管理员。（　　　）

　　3. SQL Server Management Studio 是一个访问、配置和管理所有 SQL Server 组件的集成环境，为开发人员和管理员提供一个单一的实用工具。（　　　）

　　4. SQL Server 配置管理器是一种用于管理与 SQL Server 相关联的服务、配置 SQL Server 使用的网络协议的工具。（　　　）

　　5. 服务器、数据库和数据库对象（例如表、视图、触发器、存储过程等）都可以有标识符。（　　　）

　　6. 系统函数用于获取有关计算机系统、用户、数据库和数据库对象的信息。（　　　）

三、单选题

　　1. 把数值型数据转换为字符型数据的函数是（　　　）。

　　A. char()　　　　　　B. str()　　　　　　C. replace()　　　　　　D. substring()

　　2. 返回字符串、binary、text 表达式的一部分的函数是（　　　）。

　　A. char()　　　　　　B. str()　　　　　　C. replace()　　　　　　D. substring()

　　3. 按 datetime 数据类型格式返回当前系统日期和时间的函数是（　　　）。

　　A. day()　　　　　　B. getdate()　　　　C. datepart()　　　　　　D. dateadd()

四、多选题

　　1. 用作标识符的字符中，不能放在第一个的字符有（　　　）。

　　A. 字母 Z　　　　　　B. 数字 7　　　　　　C. 特殊符号 $　　　　　D. 空格

　　2. 下列函数中属于字符串比较函数的有（　　　）。

　　A. substring()　　　B. charindex()　　　　C. replace()　　　　　D. str()

五、实践题

根据提供的安装文件，完成 SQL Server 2008 R2 Express 版本的安装与配置。

要求：

　　(1) 分别安装默认实例和命名实例 2 个实例。默认实例选择 Windows 身份验证模式，命名实例选择混合模式（SQL Server 身份验证和 Windows 身份验证）。

　　(2) 完成配置管理器的有关配置，并连接。

第 4 章　关系数据库语言 SQL (上)

关系数据库的标准语言 SQL(Structured Query Language，结构化查询语言) 是一种数据库查询和程序设计语言，包括数据定义语言、数据操纵语言和数据控制语言。由于该语言简洁、功能丰富，因此备受用户及计算机工业界的欢迎，成为应用最广泛的关系数据库语言。目前，SQL 已被确定为关系数据库系统的国际标准语言，1989 年提出了 SQL89 标准，1992 年公布了 SQL92 标准，并于 1999 年再次更新为 SQL99 标准。

▶▶ ⦿【思政案例】 ⋯⋯⋯⋯⋯⋯⋯⋯⋯⋯⋯⋯⋯⋯⋯⋯⋯⋯⋯⋯⋯⋯⋯⋯⋯⋯⋯⋯

华为 DevEco Studio

华为 DevEco Studio(以下简称 DevEco Studio) 是面向华为终端全场景多设备的一站式应用开发平台，支持分布式多端开发、分布式多端调测、多端模拟仿真和全方位的质量与安全保障。

DevEco Studio 基于 IntelliJ IDEA Community 开源版本打造，为开发者提供工程模板创建、开发、编译、调试和发布等 E2E 的 HarmonyOS 应用开发服务。通过使用 DevEco Studio，开发者可以更高效地开发具备 HarmonyOS 分布式能力的应用，进而提升创新效率。

DevEco Studio 的功能如图 4-1 所示，具体如下：

(1) 多设备统一开发环境：支持多种 HarmonyOS 设备的应用开发，包括手机、平板、车机、智慧屏、智能穿戴，轻量级智能穿戴和智慧视觉设备。

(2) 支持多语言的代码开发和调试：包括 Java、XML(Extensible Markup Language)、C/C++、JS(JavaScript)、CSS(Cascading Style Sheets) 和 HML(HarmonyOS Markup Language)。

(3) 支持 FA(Feature Ability) 和 PA(Particle Ability) 快速开发：通过工程向导快速创建 FA/PA 工程模板，一键式打包成 HAP(HarmonyOS Ability Package)。

(4) 支持分布式多端应用开发：一个工程和一份代码可跨设备运行，支持不同设备界面的实时预览和差异化开发，实现代码的最大化重用。

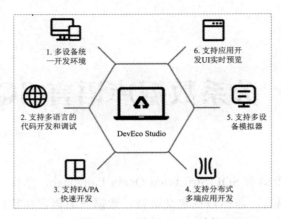

◆ 图 4-1　DevEco Studio 功能

思考:

试介绍华为 DevEco Studio，或试安装华为 DevEco Studio，宣传或学习使用。

4.1　SQL 概述

结构化查询语言 (Structured Query Language，SQL) 是 1974 年由 Boyce 和 Chamberlin 提出的。1975—1979 年，最早是 IBM 的圣约瑟研究实验室为其关系数据库管理系统 SYSTEM R 开发的一种查询语言，它的前身是 SQUARE 语言。经过各公司的不断修改、扩充和完善，1986 年美国颁布了 SQL 的美国标准，1987 年国际标准化组织将 SQL 采纳为国际标准，SQL 最终成为关系数据库的标准语言。由于 SQL 使用方便、功能丰富、语言简洁易学，很快得到推广和应用。

SQL 结构简洁，功能强大，简单易学，自从 IBM 公司 1981 年推出以来，SQL 得到了广泛的应用。SQL Server、Oracle、Sybase、Informix 等大型的数据库管理系统，Visual Foxpro、PowerBuilder 等微机上常用的数据库开发系统，都支持 SQL 作为查询语言。

SQL 集数据定义 (Data Definition)、数据操纵 (Data Manipulation) 和数据控制 (Data Control) 等功能于一体，充分体现了关系数据库语言的特点和优点。SQL 主要由以下几部分组成:

(1) 数据定义语言 (Data Definition Language，DDL)。数据定义语言用于建立、修改、删除数据库中的各种对象: 表、视图、索引等 (如 Create、Alter、Drop)。

(2) 数据操纵语言 (Data Manipulation Language，DML)。数据操纵语言用于改变数据库数据，主要有三条语句: Insert、Update、Delete。

(3) 数据查询语言 (Data Query Language，DQL)。数据查询语言用于检索数据库记录，基本结构是由 Select 子句、From 子句、Where 子句组成的查询块: Select < 字段名表 > From < 表或视图名 > Where < 查询条件 >。

(4) 数据控制语言 (Data Control Language，DCL)。数据控制语言用来授予或回收访问数据库的某种特权，并控制数据库操纵事务发生的时间和效果，对数据库实行监视等，包括三条命令：Grant、Revoke 和 Deny。

4.2　SQL 的数据类型

在计算机中数据有两种特征：类型和长度，所谓数据类型就是以数据的表现方式和存储方式来划分数据的种类。在 SQL Server 中，每个列、局部变量、表达式和参数都具有一个相关的数据类型。数据类型是一种属性，用来设定某一个具体列保存数据的类型。数据类型可分为整数型、精确浮点型、近似浮点型、日期时间型等 10 种类型，下面依次介绍。

1. 整数型

整数型的数据范围及所占字节如表 4-1 所示。

表 4-1　整　数　型

类　型	数据范围	所占字节	说　明
bigint	$-2^{63} \sim (2^{63}-1)$	8 字节	20 位长
int	$-2^{31} \sim (2^{31}-1)$	4 字节	10 位长
smallint	$-2^{15} \sim (2^{15}-1)$	2 字节	5 位长
tinyint	$0 \sim 255$	1 字节	存储 $0 \sim 255$ 的整数
bit	0、1、空值	用 1bit, 占 1 字节	用于存储只有两种可能值的数据，如 Yes 或 No、True 或 False、On 或 Off

2. 精确浮点型

精确浮点型的数据范围及所占字节如表 4-2 所示。

表 4-2　精 确 浮 点 型

类　型	数据范围	所占字节	说　明
numeric[(p[,s])]	$(-10^{38}+1) \sim (10^{38}-1)$	$1 \sim 9$ 位 5 字节 $10 \sim 19$ 位 9 字节 $20 \sim 28$ 位 13 字节 $29 \sim 38$ 位 17 字节	总位数 p，精度 s 是小数点右边存储的数字位数
decimal[(p[,s])]	$(-10^{38}+1) \sim (10^{38}-1)$	同上	同上

3. 近似浮点型

近似浮点型的数据范围及所占字节如表 4-3 所示。

表 4-3　近 似 浮 点 型

类　型	数据范围	所占字节	说　明
float[(n)]	(−1.79E+308) ～ (1.79E+308)	n 为 1 ～ 24,7 位数，4 字节；n 为 25 ～ 53,15 位数，8 字节	在其范围内不是所有的数都能精确表示
real	(−3.04E+38) ～ (3.04E+38)	4 字节	同上

4. 日期时间型

日期时间型的格式、数据范围及所占字节如表 4-4 所示。

表 4-4　日 期 时 间 型

类　型	格　式	数据范围	所占字节	精确度
time	hh:mm:ss[.nnnnnnn]	00:00:00:0000000 23:59:59.9999999	3 ～ 5	100 ns
date	YYYY-MM-DD	0001-01-01 ～ 9999-12-31	3	1 天
smalldatetime	YYYY-MM-DD hh:mm:ss	1900-01-01 ～ 2079-06-06	4	1 min
datetime	YYYY-MM-DD hh:mm:ss[.nnn]	1753-01-01 ～ 9999-12-31	8	0.00333 s
datetime2	YYYY-MM-DD hh:mm:ss[.nnnnnnn]	0001-01-01 00:00:00.0000000 ～ 9999-12-31 23:59:59.9999999	6 ～ 8	100 ns
datetimeoffset	YYYY-MM-DD hh:mm:ss[.nnnnnnn][+|-]hh:mm	0001-01-01 00:00:00.0000000 ～ 9999-12-31 23:59:59.9999999	8 ～ 10	100 ns

5. 字符型

字符型的数据范围及所占字节如表 4-5 所示。

表 4-5　字　符　型

类　型	数据范围	所占字节	说　明
char	1 ～ 8000 字符	1 个字符 1 个字节，为固定长度	存储定长字符数据
varchar	1 ～ 8000 字符	1 个字符 1 个字节，存多占多	存储变长字符数据
text	1 ～ 2^{31}−1 字符	1 个字符 1 个字节，最大 2 GB	存储 2^{31}−1 或 20 亿字符

6. Unicode 字符型

Unicode 字符型的数据范围及所占字节如表 4-6 所示。

表 4-6　Unicode 字符型

类　型	数据范围	所占字节	说　明
nchar	1 ～ 4000 字符	1 个字符 2 个字节，为固定长度	用双字节结构存储定长统一编码字符型数据
nvarchar	1 ～ 4000 字符	1 个字符 2 个字节，存多占多	用双字节结构存储变长统一编码字符型数据
ntext	1 ～ 2^{30}－1 字符	1 个字符 2 个字节，最大 2 GB	存储 2^{30}－1 或将近 10 亿字符

7. 二进制字符型

二进制字符型的数据范围及所占字节如表 4-7 所示。

表 4-7　二进制字符型

类　型	数据范围	所占字节	说　明
binary	1 ～ 8000 字符	存储时需另加 5 字节，固定	存储定长二进制数据
varbinary	1 ～ 8000 字符	存储时需另加 5 字节，变长	存储变长二进制数据
image	1 ～ 2^{31}－1 字符	同 varbinary，最大 2 GB	存储变长的二进制数据，可达 2^{31}－1 或大约 20 亿字符

8. 货币型

货币型的数据范围及所占字节如表 4-8 所示。

表 4-8　货　币　型

类　型	数据范围	所占字节	说　明
money	-2^{63} ～ 2^{63}－1	8 字节	用来表示钱和货币值，能存储 －9220 亿～ 9220 亿的数据，精确到万分之一
smallmoney	-2^{31} ～ 2^{31}－1	4 字符	用来表示钱和货币值，能存储 －214748.3648 ～ 214748.3647 的数据，精确到万分之一

9. 特殊数据类型

特殊数据类型如表 4-9 所示。

表 4-9　特殊数据类型

类　型	说　明
cursor	cursor 类型包含一个对游标的引用，用在存储过程中，而且创建表时不能用
uniqueidentifier	用来存储一个全局唯一标识符，即 guid，可以使用 newid() 函数或转换一个字符串为唯一标识符来初始化具有唯一标识符的列
timerstamp	用来创建一个数据库范围内的唯一值，一个表只能有一个

下面主要介绍 uniqueidentifier 及 newid() 的使用。

uniqueidentifier 数据类型用于存储 guid 的值，占用 16 byte。SQL Server 把 uniqueidentifier 存储为 16 个固定字节的二进制数值，即 binary(16)，按照特定的格式显示：xxxxxxxx-xxxx-xxxx-xxxx-xxxxxxxxxxxx。其中，x 是一个十六进制数字，数值范围是 0 ～ 9，A ～ F。由于每个字节存储 2 个十六进制数据，因此，按照存储字节，uniqueidentifier 的格式简写为：4B-2B-2B-2B-6B。

在 SQL Server 中，系统不会自动为 uniqueidentifier 列赋值，必须显式赋值。使用 guid 产生函数 newid() 进行赋值，产生随机的 guid。

使用 guid 的好处是：在不同的 Server 上，SQL Server 保证 guid 的值总是唯一的。uniqueidentifier 值能够比较大小，能够使用 is null 或 is not null 操作符判断是否为 "null"；但是不能保证后面的数比前面的大，因此不宜用于索引。

例如，对 uniqueidentifier 类型的变量赋值，语法格式如下：

```
declare @ui uniqueidentifier
set @ui=newid()
select @ui
```

或直接执行 select newid()、print newid()，可生成不同的值。

例如，创建 uniqueidentifier 类型的字段，由于 uniqueidentifier 列不是由系统自动赋值的，必须显式赋值，可以为 uniqueidentifier 列创建 default 约束，并使用 guid 生成函数赋值。在 default 约束中使用 newid()，为每行数据生成随机的唯一值。其语法格式如下：

```
create table dbo.mytable_rand
(columnA uniqueidentifier default newid(),
columnB int,
columnC varchar(10))
```

10. 用户自定义数据类型

用户自定义数据类型的语法格式如下：

```
create type [schemaname.]typename
    {from basetype [(precision[,scale])]
        [null|not null]
    }
```

说明：schemaname 指定类型所属架构；basetype 指定类型基于哪一个基本数据类型，如果基于 decimal 或 numeric，则 precision 指定总位数，scale 指定小数点后的位数。

例如，创建一个数据类型，存放图书价格，语法格式如下：

```
create type pricedecimal
    from decimal(6,2) not null
```

在该数据库下创建"图书"表时，就有了自定义的数据类型"pricedecimal"，其总位数为 6，小数位 2 位。

4.3　数据库定义

SQL Server 2008 R2 用文件来存放数据库。数据库是由数据库文件和事务日志文件组成的，一个数据库至少应包含一个数据库文件和一个事务日志文件。数据库文件包含数据和对象，例如表、索引、视图和存储过程。事务日志文件包含恢复数据库中的所有事务所需的信息。为便于分配和管理，可以将数据文件集合起来，放在文件组中。

数据库文件是存放数据库数据和数据库对象的文件。一个数据库可以有一个或多个数据库文件，一个数据库文件只属于一个数据库。当有多个数据库文件时，有一个文件被定义为主数据库文件，扩展名为 mdf，用来存储数据库的启动信息和部分或全部数据。一个数据库只能有一个主数据库文件，其他数据库文件被称为次数据库文件，扩展名为 ndf，用来存储主文件没存储的其他数据。

事务日志文件是记录所有事务以及每个事务对数据库所作修改的文件，扩展名为 ldf。一个数据库可以有一个或多个事务日志文件。

文件组是将多个数据库文件集合起来形成的一个整体。每个文件组有一个组名。与数据库文件一样，文件组也分为主文件组和次文件组。一个文件只能存在于一个文件组中，一个文件组也只能被一个数据库使用。每个数据库有一个主文件组，如果在数据库中创建对象时没有指定对象所属的文件组，对象将被分配给默认文件组 Primary，此文件组包含主数据文件和未放入其他文件组的所有次数据文件。

4.3.1　创建数据库

1. 命令方式创建数据库

1) 创建数据库的最简语法

创建数据库的最简语法代码如下：

create database database_name

在这种情况下，数据库的参数设置都使用系统默认值。

例 4-1　使用 SQL 语句创建学生成绩数据库 studscore_db1，所有参数均取默认值。

操作步骤如下：

(1) 在 SQL Server Management Studio 中，单击"新建查询"，新建 SQLQuery1.sql 文件。接下来，打开 SQLQuery1.sql 文件，如图 4-2 所示。

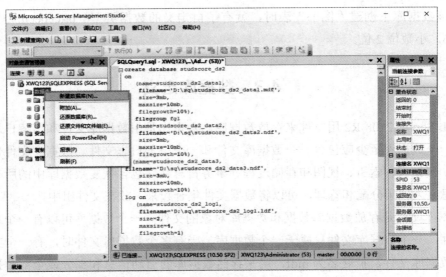

◆ 图 4-2 "新建数据库"快捷菜单

(2) 在工作界面，在英文状态下输入 "create database studscore_db1"，选定 "create database studscore_db1"，单击 " ✓ " 按钮，经 "分析" 提示 "命令已成功"，表示没有错误，否则提示错误信息，找出错误并修改。

(3) 单击 " ! 执行(X) " 按钮，提示 "命令已成功完成"。右击 "对象资源管理器" 下面的 "数据库"，弹出快捷菜单，单击 "刷新"，可见数据库 studscore_db1，创建成功。

(4) 单击 "保存" 按钮，保存 SQLQuery1.sql 文件 (该脚本文件以后操作时还会用到，打开这个脚本文件，可以看到以前的操作)。

2) 创建数据库的完整语法

创建数据库的完整语法代码如下：

    create database database_name

    [on [primary][<filespec>[,...n]][,<filegroupspec>[,...n]]]

    [log on{<filespec>[,...n]}]

参数说明：

    <filespec>=([name=logical_file_name,])

        filename='os_file_name'

        [,size=size]

        [,maxsize={max_size|unlimited}]

        [,filegrowth=growth_increment])[,...n]

    <filegroupspec>=filefroup filegroup_name<filespec>[,...n]

(1) on：用来存储数据库数据部分的磁盘文件 (数据文件)。该关键字后面跟以逗号分隔的 <filespec> 项列表，用于定义主文件组的数据文件。

(2) n：占位符，表示可重复前面的定义部分，即还可以有多个。

(3) log on：用来存储数据库日志的磁盘文件 (日志文件)。该关键字后面跟以逗号分隔的 <filespec> 项列表，用于定义日志文件。如果没有指定 log on，那么系统将自动创建一个日志文件，该文件使用系统生成的名称，大小为数据库中所有数据文件总大小的 25%。

(4) primary：指定关联的 <filespec> 列表定义主文件。主文件组包含所有数据库系统表。主文件组的第一个 <filespec> 条目为主文件，该文件包含数据库的逻辑起点及其系统表。一个数据库只能有一个主文件。如果没有指定 primary，那么列出的第一个文件将成为主文件。

(5) name：为由 <filespec> 定义的文件指定逻辑名称。有以下几种形式：

① logical_file_name：用于在创建数据库后执行 T-SQL 语句中引用文件的名称。logical_file_name 在数据库中必须唯一，且符合标识符的规则。

② filename：为 <filespec> 定义的文件指定操作系统文件名，包括使用的路径和文件名。

③ os_file_name：操作系统创建 <filespec> 定义的物理文件时使用的路径名和文件名。os_file_name 不能指定压缩文件系统中的目录。

(6) size：指定 <filespec> 中定义的文件的大小。如果主文件的 <filespec> 中没有提供 size 参数，那么 SQL Server 将使用 model 数据库中的主文件大小。如果指定了辅助数据文件或日志文件，但没有指定该文件的 size，则默认值为 1 MB。

(7) maxsize：指定 <filespec> 中定义的文件可以增长到的最大大小。

(8) unlimited：指定 <filespec> 中定义的文件将增长到磁盘变满为止。

(9) filegrowth：指定 <filespec> 中定义的文件的增长增量。文件的 filegrowth 设置不能超过 maxsize 设置。如果没有指定 filegrowth，则默认值为 10%。

(10) growth_increment：需要新的空间时为文件添加的空间大小。指定一个整数，不要包含小数。

例 4-2　创建数据库 studscore_ds1，数据文件和日志文件存放在 D:\sq，主文件逻辑名称 studscore_ds1_data1，物理文件名 studscore_ds1_data1.mdf，初始大小为 5 MB，最大为无限大，增长速度 10%，日志文件逻辑名称 studscore_ds1_log1，物理文件名 studscore_ds1_log1.ldf，初始大小 3 MB，最大 8 MB，增长速度 1 MB。

操作步骤如下：

第一步：在 D 盘创建文件夹 sq，然后在 SQLQuery1.sql 文件中，输入如下代码：

```
create database studscore_ds1
on
 (name=studscore_ds1_data1,
  filename='D:\sq\studscore_ds1_data1.mdf',
  size=5,
  maxsize=unlimited,
```

```
        filegrowth=10%)
    log on
    (name=studscore_ds1_log1,
        filename='D:\sq\studscore_ds1_log1.ldf',
        size=3,
        maxsize=8,
        filegrowth=1)
```

第二步：选定上述代码，单击"✔"按钮，提示"命令已成功完成"，再单击"❗执行(X)"按钮。

第三步：鼠标右击"对象资源管理器"下的"数据库"，弹出快捷菜单，再单击"刷新"按钮，可见创建的数据库 studscore_ds1。

例 4-3　创建数据库 studscore_ds2，包括 3 个数据文件、1 个文件组和 1 个日志文件，自主设置参数值。

操作步骤同上，代码如下：

```
create database studscore_ds2
on
    (name=studscore_ds2_data1,        -- 主数据文件，主文件组
    filename='D:\sq\studscore_ds2_data1.mdf',
    size=3mb,
    maxsize=10mb,
    filegrowth=10%),
    filegroup fg1                     -- 创建文件组
    (name=studscore_ds2_data2,        -- 次数据文件
    filename='D:\sq\studscore_ds2_data2.ndf',
    size=3mb,
    maxsize=10mb,
    filegrowth=10%),
    (name=studscore_ds2_data3,        -- 次数据文件
    filename='D:\sq\studscore_ds2_data3.ndf',
    size=3mb,
    maxsize=10mb,
    filegrowth=10%)
log on
    (name=studscore_ds2_log1,         -- 日志文件
    filename='D:\sq\studscore_ds2_log1.ldf',
```

```
            size=2,
            maxsize=4,
            filegrowth=1)
```

说明："--"起注释作用，在代码中不会被执行。

2. 菜单方式创建数据库

操作步骤如下：

(1) 在"对象资源管理器"中找到"数据库"节点，右击该节点，在弹出的快捷菜单中选择"新建数据库"命令，弹出如图 4-3 所示的对话框。

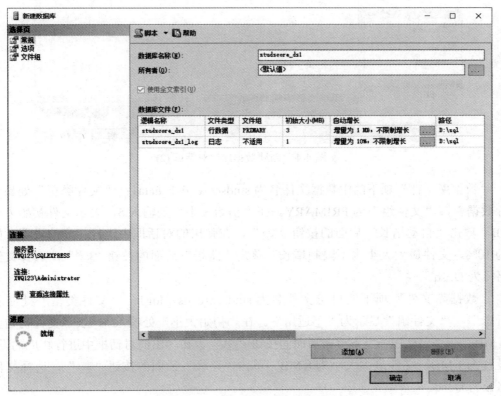

◆ 图 4-3　"新建数据库"对话框 (1)

(2) 在"新建数据库"对话框的"常规"选项卡中，可输入数据库名称、数据库文件和事务日志文件的逻辑名称，设置其初始大小、自动增长、路径等参数，如图 4-4 所示。

如果需要再添加数据库文件或事务日志文件，可单击"添加"按钮，添加相应的文件；反之，也可删除不需要的数据库文件或事务日志文件。

如果需要添加文件组，可在"文件组"选项卡中单击"添加"按钮，添加相应的文件组；反之，也可删除不需要的文件组。

此处，数据库名称为 studscore_ds1。

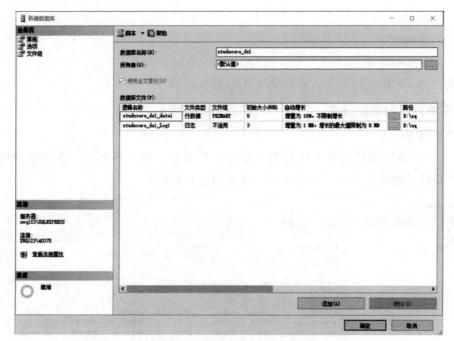

◆ 图 4-4 "新建数据库"对话框 (2)

　　"数据库文件"项下的主数据文件名为 studscore_ds1_data1；"文件类型"处显示为"行数据"，"文件组"为 PRIMARY。在"初始大小"处输入 5，表示文件初始大小为 5 MB。单击"自动增长"后面的按钮"▄▄"，在弹出的对话框中进行相应的设置，如设置为 10%，文件最大大小为不限制增长。单击"路径"后面的按钮"▄▄"，选择文件存储路径为 D:\sq。

　　"数据库文件"项下的日志文件名为 studscore_ds1_log1；"文件类型"处显示为"日志"，"文件组"显示为"不适用"。在"初始大小"处输入 3，表示文件初始大小为 3 MB。在"自动增长"下单击后面的按钮"▄▄"，在弹出的对话框中进行相应的设置，如设置为 1 MB，文件最大大小为 8 MB。单击"路径"后面的按钮"▄▄"，选择文件存储路径为 D:\sq。

　　(3) 单击"确定"按钮，数据库文件创建成功。

4.3.2　删除数据库

1. 命令方式删除数据库

　　在 SSMS 中可以用 drop database 命令一次删除一个或多个数据库。只有数据库所有者和数据库管理员才有权执行此命令。删除数据库语法如下：

　　　　drop database database_name[,...n]

　　例 4-4　删除例 4-1 中创建的学生成绩数据库 (studscore_db1)。

操作步骤如下：

(1) 在 SQLQuery1.sql 中输入命令：

    drop database studscore_db1

(2) 选中输入的命令代码，单击 "✔" 按钮，无误则再单击 " ! 执行(X)" 按钮，显示 "命令已成功"，表示数据库 studscore_db1 被删除。

2. 菜单方式删除数据库

在 SSMS 中可以用菜单方式删除数据库。例如，删除在例 4-1 中创建的学生成绩数据库 (studscore_db1)。操作步骤如下：

(1) 在 "对象资源管理器" 下单击 "数据库" 前的 "+"，展开数据库文件夹。在数据库 "studscore_db1" 上右击鼠标弹出快捷菜单，单击 "删除" 命令。

(2) 进入 "删除对象" 对话框，勾选 "关闭现有连接 (C)"，再单击 "确定" 按钮，如图 4-5 所示。

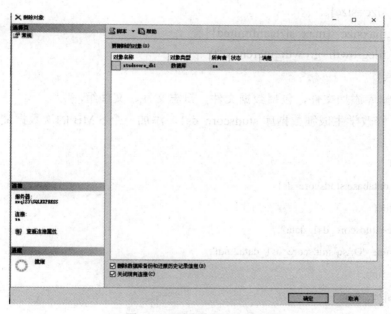

◆ 图 4-5 "删除数据库" 对话框

4.3.3　修改数据库

1. 命令方式修改数据库

在 SSMS 中可以用 alter database 命令来增加或删除数据库中的文件，修改文件的属性。

1) 语法格式

alter database 命令的语法格式如下：

    alter database databasename

```
{add file<filespec>[,...n][to filegroup filegroup_name]
|add log file<filespec>[,...n]              -- 添加
|add filegroup filrgroup_name
|remove file logical_file_name              -- 删除
|remove filegroup filrgroup_name
|modify file<filespec>                      -- 修改
|modify name=new_dbname
|modify filegroup filegroup_name
}
```

其中：<filespec>=(name=logical_file_name

[,newname=new_logical_name]

[,filename='os_file_name']

[,size=size]

[,maxsize={max_size|unlimited}]

[,filegrowth=growth_increment])

2) 实际操作

(1) 向数据库添加文件，包括数据文件、日志文件、文件组。

例 4-5　修改学生成绩数据库 studscore_ds1，添加一个 5 MB 的次数据文件 studscore_ds1_data2。

代码如下：

```
alter database studscore_ds1
add file(
name=studscore_ds1_data2,
filename='D:\sq\studscore_ds1_data2.ndf',
size=5mb,
maxsize=10mb,
filegrowth=5mb)
```

(2) 删除数据库中的文件、文件组。

例 4-6　修改学生成绩数据库 studscore_ds1，删除次数据文件 studscore_ds1_data2。

代码如下：

```
alter database studscore_ds1
remove file  studscore_ds1_data2
```

2. 菜单方式修改数据库

在"对象资源管理器"下单击"数据库"前面的"+"，展开数据库文件夹，在需要

修改的数据库上右击鼠标，弹出快捷菜单，单击"属性"选项，进入"数据库属性"页，在"文件""文件组"选项卡可以进行数据库文件、文件组的"添加""删除"等操作。

4.4　数据表定义

数据定义语言 (DDL) 的主要功能是定义数据库的模式，包括概念模式、外模式和内模式。在 SQL 中对于不同的模式分别定义了一系列的语句。通过这些语句，数据库管理员 (DBA) 可以创建和维护数据库模式结构。数据库的三级模式结构的核心是概念模式，它在 SQL 数据库中表现为基本表的集合。

4.4.1　数据表的构成

一个数据表由表名、列和完整性约束构成。具体如下：

1. 表名

表名代表关系模式的名字，一般以字母开头，并可包含字母、数字、#、_、@、$ 等符号。在一个数据库中，表名不能重复，表的核心构成是列和完整性约束。

2. 列

表的列对应着关系模式的属性，通常也称为字段。在关系模式中，属性由属性名和域构成，相应在表中，列包括列名、列的类型和长度等信息。其中，列名要求以字母开头，并可包含字母、数字、#、_ 等符号，并且要求不多于 30 个字符。

3. 完整性约束

约束 (Constraint) 是指附加在表上，通过限制列中、行中、表之间的数据来保证数据完整性的一种数据库对象。

在表定义中，约束可以定义在每个列定义中，也可以在所有列定义之后再单独定义。把直接定义在一个列定义之后的约束称为列约束，把定义在全部列定义之后的约束称为表约束。列约束和表约束在语义上没什么差别，只是位置不同而已，单列上的约束可以定义成列约束也可以定义成表约束。如果某个约束需要定义在多个列之上，则必须通过表约束来实现。

数据的完整性就是指存储在数据库中的数据的准确性和一致性，通过实体完整性、参照完整性、域完整性和用户自定义完整性等完整性约束来实现。具体如下：

1) 实体完整性

实体完整性也称行完整性，要求表中不能有重复的行存在。可以通过设置主键约束 (Primary Key)、标识列属性 (Identity)、唯一性约束 (Unique)、唯一索引 (Unique Index) 等方法加以实现。

2) 参照完整性

参照完整性也称引用完整性，要求相关数据表中的数据保持一致性，即主键 (被参照

表) 和外键之间的关系能够得到维护。设置外键约束 (Foreign Key)、存储过程及触发器等方法加以实现。

如果被参考表 (父表) 中的一行被一个外键 (books 表—categorycode 类别代码) 所参照，那么这一行数据便不能被直接删除，用户也不能直接修改主键 (categories 表—categorycode) 值，如图 4-6 所示。

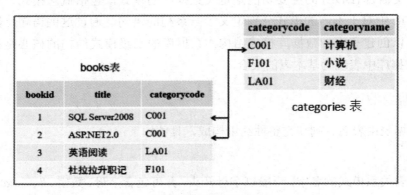

◆ 图 4-6　参照完整性

3) 域完整性

域完整性也称列完整性，指定列的输入有效性。通过限制列的类型、格式、可能值的范围等方法加以实现，如设置检查约束 (check) 或规则。

4) 用户自定义完整性

所有完整性类别都支持用户定义完整性，包括 create table 中所有列级约束和表级约束、存储过程、触发器。例如，订单表 orders 中，shipdate(发货日期) 不能早于 orderdate(订货日期)。

4.4.2　创建表

1. 命令方式创建表

1) 创建表的命令和语法格式

创建数据库后，需要使用 SQL 语句 create table 创建数据表。其语法格式如下：

```
create table [databasename.][schemaname.]<tablename>

({<columndef>                    -- 定义表中的列

|<computedcolumndefinition>}     -- 定义计算列

[primary key(column[,...n])]     -- 定义主键，表级约束

[foreign key(column[,...n]) references referencedtablename[(refcolumn[,...n])]] -- 定义外键，表级
                                                                                    外键

)
```

[on{filegroup|'default'}]	-- 指定表定义在数据库的哪个文件组中
[textimage_on{filegroup|'default'}]	-- 大类型列存储文件组

其中：

<columndef>=

columnname datatype	-- 定义列名、数据类型
[null|not null]	-- 允许空值 / 不允许有空值
[identity[(seed,increment)]]	-- 定义标识列（种子、增量）
[default constantexpression]	-- 定义默认值，自动填充
[primary key]	-- 列级主键
[foreign key]references referencedtablename[(refcolumn)]	

其中：<computedcolumndefinition>=

columnname as computedcolumnexpression[persisted]　-- 计算列，标记 persisted，则表中存储计算列中的数据。

2）定义列和约束

首先，创建表时主要是对列的定义以及添加约束。列约束必须在每个列定义后再进行定义，只对当前列有效。

其次，表的约束按应用范围分为列级和表级约束。此外，按作用可分为主键约束、不允许空约束、默认值约束、唯一性约束、检查约束、外键约束等。需要指出，当一个约束中必须包含多个列时，须使用表约束。单列上的约束可以用列约束，也可用表约束。

定义列的基本格式如下：

< 列名 >< 列类型 > [default < 默认值 >] [[not] null] [< 列约束 >]

定义约束的基本格式如下：

[constraint < 约束名 >] < 约束类型 >

说明：约束名可以省略。

例 4-7　创建学生情况表 student，包括 s#、sname、age、sex 等列，带主键、不允许空值、默认值等约束。

代码如下：

```
create table student
(
    s# varchar(10) constraint pk_s# primary key,
    sname varchar(20) not null,
    age int,
    sex char(2) default ' 男 '
)
```

例 4-8　以创建学生情况表 student 为例，在创建表时分别使用列约束和表约束。此时，需要先删除例 4-7 创建的表 student。代码如下：

```
create table student
(
s# varchar(10) constraint pk_s# primary key,    -- 列约束
sname varchar(20),
age int constraint ck_age check (age>14 and age<100),
sex char(2),
constraint uq_sname unique(sname),              -- 表约束
constraint ck_sex check (sex in (' 男 ', ' 女 '))
)
```

上例中，列约束和表约束各有 2 个。

3) 创建带约束的表

(1) primary key 约束。

在 SQL Server 中，主键 (primary key) 保证实体完整性，可以是单列，也可以是多列组合。其特点为：一个表只能定义一个主键约束；主键约束所在列 (或组合值) 不允许输入重复值；所在列不允许取空值；主键约束自动在指定的列上创建了一个唯一性索引，默认为聚集索引。

语法格式如下：

```
constraint constraintname primary key [clustered|nonclustered] [(column[,...n])]
```

说明：设置主键时系统自动创建索引，默认 clustered，创建聚集索引；如果需要创建非聚集索引，指定 nonclustered。如果是列级主键约束，不指定列；如果是表级主键约束，则指定主键所在列。

例 4-9　创建图书分类表 categories，用于存放图书的类别信息，categorycode 设为主键。

代码如下：

```
create table categories
(categorycode nchar(4) primary key,
 categoryname nvarchar(50) not null)
```

说明：本例中，只有列级约束，而且该主键约束没有指定约束名，由系统自动添加约束名。

例 4-10　创建选课成绩表 sc，用于存放学生的成绩，其中 s# 和 c# 组成复合主键。

代码如下：

```
create table sc
(
s# varchar(10),          -- 学生学号
c# varchar(20),          -- 课程编号
```

```
    score float,
    constraint pk_s#c# primary key(s#,c#)
)
```

　　复合主键即多个字段（列）组合作为主键。在选课关系中，一个学生可以选多门课程，同一门课程可以被多个学生选修，学生与课程之间是多对多的关系，因此，在选课成绩表 sc 中，必须以学号 s# 和课程号 c# 组合在一起作为主键。在定义表级约束时，需要列出字段名（列名），并且复合主键只能是表级形式。

　　例 4-11　创建表 orderitems，用于存放订单项目信息，主键约束设置在 orderid 和 bookid 列上。代码如下：

```
create table orderitems
(
orderid char(10) not null,
  bookid char(10) not null,
  quantity int not null default(),
  price decimal(6,2),
  total as price*quantity,
  constraint pk_orderitems_orderidbookid primary key(orderid,bookid)
)
```

　　例 4-12　创建图书信息表 books，用于存放图书信息，其中 bookid 设为主键，约束名 pk_books_bookid，且 bookid 设为标识列，由 101 开始每次自动增长 1。代码如下：

```
create table books
(
bookid int identity(101,1) constraint pk_books_bookid primary key,
  title nvarchar(50) not null,
  isbn nchar(20) not null,
  author nvarchar(50),
  unitprice decimal(6,2),
  categorycode nchar(4)
)
```

　　例 4-13　创建学生信息表 studinfo，代码如下：

```
create table studinfo
(
studno varchar(15) primary key,
  studname varchar(20) not null,
  studsex char(2) default ' 男 ' not null,
```

```
        studbirthday datetime null,
        classid varchar(10) not null
    )
```

例 4-14　创建班级信息表 classinfo，代码如下：

```
create table classinfo
(
classid varchar(10) primary key,
classname varchar(50) not null,
classdesc varchar(100) null
)
```

例 4-15　此题在完成例 4-16 之后进行，在 customers 表中，为 customerid 列添加主键约束，约束名为 pk_customers_customerid。代码如下：

```
    alter table customers
    add constraint pk_customers_customerid primary key(customerid)
```

(2) default 约束。

默认值 (default) 约束的语法格式如下：

```
    default <值>
```

default 约束的特点为：每个列只能定义一个默认值；默认值不能引用其他列或其他表、视图或存储过程；不能放在 identity 列或 timestamp 列。

当向表中插入一条新记录时，如果某列上有默认值，并且新记录中未指定该列的值，则自动以默认值填充。设置默认值约束时应注意，如果默认值是字符型，要加单引号；如果默认值是数值，则直接写出数值。

例 4-16　创建用户信息表 customers，列 rating 设为默认值约束，默认值为 5(常量)。代码如下：

```
    create table customers
    (
    customerid varchar(2) primary key not null,
    customername varchar(20) null,
    emailaddress varchar(50),
    rating varchar(2) default 5,
    passid varchar(8)
    )
```

例 4-17　使用 insert 命令向 student 表中添加一条记录，输入下列代码，并执行。

```
    insert into student (s#,sname,age) values ('2018010101', ' 张真 ',20)
```

表 student 中列 sex 的值以默认值自动填充为 "男"，其结果如表 4-10 所示。

表 4-10　向表中添加记录

s#	sname	age	sex
2018010101	张真	20	男

例 4-18　创建订单表 orders(orderid、orderdate、shipdate、customerid)，然后为 orderdate 列添加一个默认值约束，默认值为当前系统时间，当前系统时间由 getdate() 产生。代码如下：

```
alter table orders
add constraint df_orders_orderdate default getdate() for orderdate
```

(3) unique 约束。

唯一性 (unique) 约束是指表中的某一列或多列不能有相同的两行或多行数据存在。其特点为：不能是主键约束所在列；每个表可以定义多个唯一性约束；约束所在列不允许输入重复值（或组合值不重复）；所在列允许有空值；在指定列自动创建一个唯一性索引，默认非聚集索引。

主键约束和唯一性约束既有相同点，也有不同点，具体如下：

相同点：关键字值不允许重复；创建唯一性索引来保证实体完整性。

不同点：是否取空值；可以定义一个还是多个约束。

unique 约束的语法格式如下：

```
constraint constraintname unique [clustered|nonclustered][(column[,...])]
```

例 4-19　在 customers 表中，为列 emailaddress 设置唯一性约束。代码如下：

```
alter table customers
add constraint uq_customers_emailaddress unique(emailaddress)
```

例 4-20　创建学生信息表 student1。注意，pk_s# 在数据库中不能重复，需要修改。代码如下：

```
create table student1
(
s# varchar(10) constraint pk_s# primary key,
sname varchar(20) constraint uq_s unique,
age int ,
sex char(2),
classid nchar(20),
constraint uq_ss unique(classid)
)
```

例 4-21　创建部门信息表 department。注意，组合值具有唯一性约束。代码如下：

```
create table department
```

```
    (
        number varchar(10) primary key,
        name nchar(10),
        major varchar(20),
        school nchar(20),
        constraint uq_name_school unique(name,school)
    )
```

unique 约束对空值的处理：若唯一性约束列中有一列不为空，就实施约束；若唯一性约束列都为空，则不实施约束，如图 4-7 所示。

department 表（name+school，唯一性约束）

NO	NAME	SCHOOL		
1	管理系	商学院		
2	管理系	管理学院	OK	值唯一
3	管理系	管理学院	Error!	值重复
4	管理系		OK	值唯一
5		管理学院	OK	值唯一
6		管理学院	Error!	实施约束（重复）
7			OK	约束列都是空
8			OK	不实施约束

◆ 图 4-7　唯一性约束

(4) foreign key 约束。

在 SQL Server 中，使用外键 (foreign key) 保证参照完整性。外键约束用于建立和加强两个表之间的连接的一列或多列，也就是表中某列值引用其他表的主键列或 unique 列。外键表的被约束列的取值，必须是主键表的被约束列的值。

其特点为：每个表可以定义多个外键约束；外键表中被约束的列必须和主键表中被约束的列宽度一致、数据类型一致；外键约束不能自动创建索引；当向设有外键约束的表 (子表) 中插入记录或更新记录时，该记录被约束列的值必须在参照的主键表 (父表) 中存在。

foreign key 约束的语法格式如下：

```
    constraint constraintname foreign key(column[,...n])
        references reftable(refcolumn[,...n])
        [on delete{no action|cascade|set null|set default}]
        [on update{no action|cascade|set null|set default}]
```

参数说明：

• references：指定该外键参考哪个父表中的哪个主键列。

• on delete：说明如果已创建表中的行具有参照关系，并且被引用行已从父表中删除，则对这些行采取的操作。

- 默认 no action：表示数据库引擎将引发错误，并回滚对父表中相应行的删除操作。
- cascade：表示级联删除，如果父表中删除一行，则将从参照表中删除相应行。
- set null：表示如果父表中对应的行被删除，则子表中组成外键的所有值将设置为 null。若要执行此约束，外键列必须可为空值。
- set default：表示如果父表中对应的行被删除，则子表中组成外键的所有值都将设置为默认值。若要执行此约束，所有外键列都必须有默认值定义。如果某个列可为空值，并且未设置显式的默认值，则会使用 null 作为该列的隐式默认值。
- on update：用于说明如果表中发生更新的行有参照关系，并且被引用行在父表中已更新，则这些行将发生什么操作。（同上）

例 4-22　创建学生信息表 studinfo，在 classid 列设外键约束，与表 classinfo 的 classid 关联。

第一步，删除已经存在的表 studinfo。代码如下：

```
drop table studinfo
```

第二步，创建带外键的学生信息表 studinfo。代码如下：

```
create table studinfo
(
studno varchar(15) primary key,
studname varchar(20) not null,
studsex char(2) not null,
studbirthday datetime null,
classid varchar(10) constraint fk_c foreign key references classinfo(classid) not null
)
```

例 4-23　创建学生情况表 student 和选课成绩表 sc，其中 sc 是参照表（子表），student 是被参照表（父表），字段 s# 作为外键，在表中添加外键约束。代码如下：

```
create table student
(
s# varchar(10) constraint pk_s# primary key,
sname varchar(20),
age int,
sex char(2) null,
email varchar(50) check(email like '%_@%_.%_')
)
create table sc
(
s# varchar(10) constraint fk_s# references student(s#),
```

```
        c# varchar(20),
        score numeric(5,1),
        primary key(s#,c#)
    )
```

注意，如果 student 和 sc 已经存在，需要删除。先创建父表，再创建子表。

例 4-24　以例 4-23 为例，讨论删除、添加表 sc 的外键约束。

第一步，删除外键约束。代码如下：

```
    alter table sc
    drop constraint fk_s#
```

第二步，只添加外键约束。代码如下：

```
    alter table sc
    add constraint fk_s# foreign key(s#) references student(s#)
```

或者，添加外键约束，并且设置级联删除选项。代码如下：

```
    alter table sc
    add constraint fk_s# foreign key(s#) references student(s#) on delete cascade
```

说明：如果设置了 on delete cascade(级联删除)，那么在删除记录时，删除父表中的记录，则相应地会删除子表中相关联的记录。

例 4-25　在 orderitems 表中，为 bookid 列添加外键约束，该列的取值要参照 books 表中的 bookid 列，约束名 fk_oderitems_bookid。如果删除 books 表中的一条记录，则 orderitems 表参照该图书的记录也相应删除。代码如下：

```
    alter table orderitems
    add constraint fk_oderitems_bookid foreign key(bookid) references books(bookid) on delete cascade
```

例 4-26　在 no action 情况下，已知 student 和 sc 表的参照关系如图 4-8 所示。

```
    insert into sc values('2018010105', ' 大学英语 ',85)        --error occurs!!
    delete from student where s#='2018010101'                --error occurs!!
```

s#	sname	age
2018010101	张真	20
2018010102	李明明	21

s#	c#	score
2018010101	大学英语	90

(a) 被参照表 (父表)：student　　　　　(b) 参照表 (子表)：sc

◆ 图4-8　参照完整性

换句话说：

① 在子表 sc 中插入记录时，若主表中对应的列值不存在，则插入出错。

② 删除主表 student 中的记录时，若有子表中的相应记录存在，也出错。当然，若设置了级联删除 (on delete cascade)，则可以执行删除操作。

(5) check 约束。

检查 (check) 约束用于验证输入数据的有效性，从而保证域完整性。其特点为：每个表可以定义多个检查约束；可以参考本表中的其他列；检查约束不能放在 identity 列或 timestamp 列 (它们自动插入数据)；插入或更新记录时，满足条件才能录入。

check 约束的语法格式如下：

```
constraint constraintname check(logicalexpression)
```

下面列出几种自定义检查约束，供练习使用：

```
constraint ck_a1 check(age>15)
constraint ck_s1 check(sex in(' 男 ',' 女 '))
constraint ck_sc check(score>=0 and score<=100)
constraint ck_s2 check(sname is not null)
constraint ck_s3 check(postcode like '[0-9][0-9][0-9][0-9][0-9][0-9]')
constraint ck_s4 check(email like '%_@%_.%_')
```

例 4-27　创建表 studscoreinfo，成绩的初始值为 0，其值范围为 0 ～ 100。代码如下：

```
create table studscoreinfo
(
  studno varchar(15),
  courseid varchar(10),
  studscore numeric(4,1) default 0 check(studscore>=0 and studscore<=100),
  constraint pk_sc primary key(studno,courseid)
)
```

例 4-28　在订单表 orders 中，检查 shipdate(发货日期) ≥ orderdate(订购日期)，代码如下：

```
alter table orders
add constraint ck_orders_shipdate check(shipdate>=orderdate)
```

(6) identity 列。

标识 (identity) 列是由系统生成的标识符列，序号值以唯一方式标识表中的每一行。

identity 列的语法格式如下：

```
identity[(seed,increment)]
```

参数说明：seed 为初值，increment 为增量值；一个表只能有一个标识列 (int/decimal/numeric 等类型的列)，不能是空值 null, 也不能包含 default 定义或对象。

例 4-29　创建表 studbdinfo，seq_id 设为标识列，初始值为 1001，增量为 1。代码如下：

```
create table studbdinfo
```

```
(
    seq_id int identity(1001,1),
    studno varchar(15) primary key,
    studname varchar(20) not null
)
```

说明：seq_id 的数据类型是 int，可设置为标识 (identity) 列；如果 seq_id 的数据类型是 char，则不能设为标识列。

2. 菜单方式创建表

1）创建表

例 4-30　创建学生信息表 student，表的结构同前所述。

操作步骤如下：

(1) 在"对象资源管理器"中单击数据库文件 studscore_ds1 前面的"+"，展开数据库节点，右击"表"的名称或图标，在弹出的快捷菜单中选择"新建表"命令，如图 4-9 所示。

◆ 图 4-9　"新建表"快捷菜单

(2) 图 4-10 是"表设计器"工作界面。第 1 列的列名为 s#，数据类型为 varchar(10) 且长度改为 10，取消"允许 Null..."复选框中的"√"。s# 列是表的主键，定义方法是单击"表设计器"菜单下的"设置主键"命令，或鼠标右击 s# 列，在弹出的快捷菜单中选择"设置主键"命令，在该列的前面出现一个金色的钥匙图标，表示该列是表的主键。

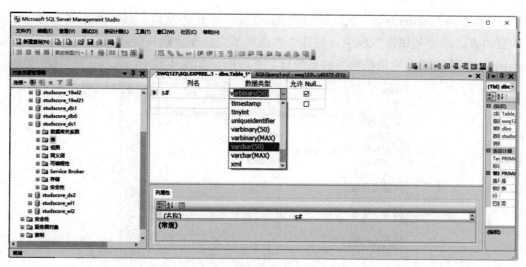

◆ 图 4-10　"表设计器"工作界面

（3）依次设置表的其他列，如 sname、age、sex 等。表的列设计好以后，单击工具栏上的"保存"按钮，或右击表的名称，在弹出的"选择名称"对话框中输入表名称"student"，然后单击"确定"按钮，创建的表就被保存起来。

2）创建带标识列的表

例 4-31　创建表 orders，其中订单编号 orderid 是一个标识列，而且是主键。orderdate 列是订货日期，通常订货日期与系统日期相同，因此为该列定义一个默认值，shipdate 是发货日期，customerid 是订货的顾客的编号。shipdate 可以为空值。

操作步骤如下：

（1）在"对象资源管理器"中单击数据库文件 studscore_ds1 前面的"+"，展开数据库节点，右击"表"的名称或图标，在弹出的快捷菜单中选择"新建表"命令。

（2）在"表设计器"界面中，第 1 列的列名为 orderid，数据类型选择 int，取消"允许 Null..."复选框中的"√"。在"列属性"列表框中，展开"标识规范"节点，将"（是标识）"属性值改为"是"，"标识增量"和"标识种子"的值分别设为 101、1。按此前的方法设置 orderid 为主键，如图 4-11 所示。

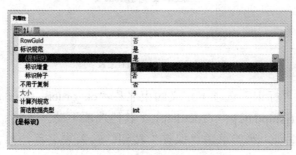

◆ 图 4-11　设置"标识列"属性

(3) 第 2 列为 orderdate，数据类型为 datetime，不允许空值。接下来为该列添加一个默认值约束。在"列属性"框中，展开"常规"节点，在"默认值或绑定"属性后面输入 getdate()，该函数的作用是获取当前系统日期和时间，如图 4-12 所示。

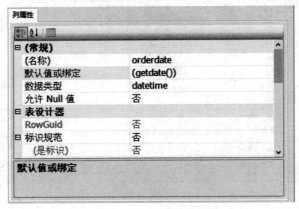

◆ 图 4-12 设置"默认值"属性

(4) 第 3 列为 shipdate，数据类型为 datetime，允许空值，设置一个检查约束，要求发货日期大于订单日期。

在"表设计器"中，在 shipdate 处单击鼠标右键，在弹出的快捷菜单中选择"CHECK 约束"命令，打开"CHECK 约束"对话框，如图 4-13 所示。

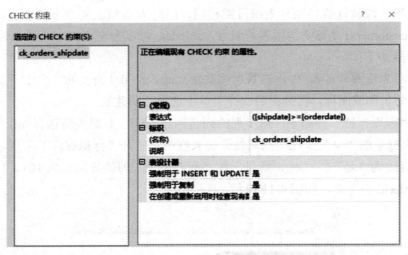

◆ 图 4-13 设置 CHECK 约束

在该对话框中的"标识"选项卡定义约束名称"ck_orders_shipdate"，在"常规"选项卡设置约束表达式 ([shipdate]>=[orderdate])。其他选项不动。

(5) 依次输入其他列，然后单击"保存"按钮，输入表名称，单击"确定"按钮，带约束的表创建完成。

4.4.3　修改表

1. 命令方式修改表

alter table 命令可以添加或删除表的列、约束，也可以禁用或启用已存在的约束或触发器。语法格式如下：

```
alter table <表名>
    [alter column <列定义>] |          -- 修改列
        [add <列定义>] |               -- 增加列
    [drop column <列名>] |             -- 删除列
    [add <表约束>] |                   -- 增加约束
    [drop constraint <约束名>]         -- 删除约束
```

alter table 语法较为复杂，这里讲述较为常见的部分。

1) 修改列

语法格式如下：

```
alter table <表名>
    alter column <列定义>
```

说明：<列定义> 与 create table 中相同，但是列名不能修改。

例 4-32　在表中有数据记录的情况下，修改列的数据类型、长度、允许 Null…。代码如下：

```
alter table student
alter column sex int                -- 不能改 int，'男'转换失败
alter table student
alter column sex char(4)            -- 能改，增加长度
alter table student
alter column sex char(2) not null   -- 能改，添加 not null
```

2) 增加列

语法格式如下：

```
alter table <表名>
    add <列定义>
```

例 4-33　在表中有数据记录的情况下，增加列并设置约束。代码如下：

```
alter table student
add dept varchar(10) constraint uq_s3 unique
```

说明：该例不可执行，因为添加的列均是空值，设置 unique 不可行；但 default、check 可以。

```
alter table student
```

```
add dept varchar(10) constraint ck_ss check(sex in(' 男 ', ' 女 '))
alter table student
add dept varchar(10) constraint df_s3 default ' 管理学院 '
```

3) 删除列

语法格式如下：

```
alter table < 表名 >
drop column < 列名 >
```

例 4-34   删除表 student 中年龄 age 字段。代码如下：

```
alter table student
drop column age
```

4) 增加或删除约束

(1) 增加表约束。语法格式如下：

```
alter table < 表名 >
add < 表约束 >
```

说明：只能增加表约束，且表约束格式与创建表时相同。如果需要修改原来的约束，则必须先删除原约束，然后再添加新的约束。

例 4-35   添加一约束，添加时对表中已有的数据不进行检查。代码如下：

```
alter table student
with nocheck
add constraint ck_student check(age>20)
```

说明：with nocheck 表示添加 foreign key 或 check 约束时，不对原有数据进行约束检查，可成功添加约束。

例 4-36   在 customers 表中为 rating 添加默认值约束，默认值为 5。代码如下：

```
alter table customers
add constraint df_customers_rating default 5 for rating
```

例 4-37   在 orders 表中为 orderdate 列添加一个默认值约束，默认值为当前系统时间。代码如下：

```
alter table orders
add constraint df_orders_orderdate default getdate() for orderdate
```

(2) 删除表约束。语法格式如下：

```
drop constraint < 约束名 >
```

2. 菜单方式修改表

创建的表只是表的结构，因此修改表也是修改表的结构，还可以建立表的外键关系。以表 books(包括 bookid、categorycode 列) 和表 categories(包括 categorycode、 categoryname 列) 为例进行介绍。

1) 修改表结构

(1) 在"对象资源管理器"中展开数据库节点和表节点，鼠标右击已经存在的表 (如 categories 表)，在弹出的快捷菜单中选择"设计"命令，如图 4-14 所示。

◆ 图 4-14　表"设计"菜单

(2) 在"表设计器"工作界面，可以修改表的结构，如列名、数据类型及其长度、主键。然后单击工具栏的"保存"命令，或用鼠标右击文件名，单击"保存"命令。

2) 添加外键约束

(1) 在"对象资源管理器"中展开数据库节点和表节点，在表 books 上单击鼠标右键，在弹出的快捷菜单中选择"设计"命令，打开一个选项卡显示表 books 的定义。

(2) 在表 books 的定义中，在 categorycode 列单击鼠标右键，在弹出的快捷菜单中选择"关系"命令，或在"表设计器"菜单中单击"关系"命令，弹出"外键关系"对话框，单击"添加"按钮，在"选定的关系"列表框中添加一个新的关系，在"标识"节点修改关系名称为 FK_books_categories。

(3) 选中这个新添加的关系，再右侧单击选中"表和列规范"节点并单击节点后面的"..."按钮，弹出"表和列"对话框，其中"外键表"是固定的 books 表，选择外键所在列 categorycode；"主键表"选择表 categories，主键所在的列选择 categorycode 列，如图 4-15 所示。

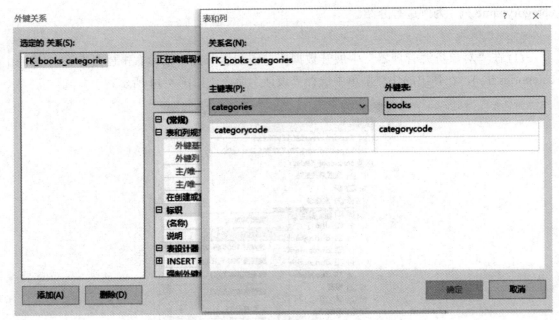

◆ 图 4-15 "外键关系" 对话框

在 "外键关系" 对话框中，可以添加外键约束，还可以使用 "删除" 命令删除选定的外键约束。

(4) 单击工具栏的 "保存" 按钮，保存对 books 表的修改。

4.4.4 删除表

1. 命令方式删除表

drop table 语句的功能是删除基本表 (表所包含的记录也随之删除)。

语法格式如下：

  drop table < 表名 >

说明：如果表中存在 foreign key 约束，则需要先删除外键约束。

例如：删除学生成绩表 studscoreinfo。代码如下：

  drop table studscoreinfo

2. 菜单方式删除表

在 "对象资源管理器" 中展开数据库节点和表节点，用鼠标右键单击相关的表，在弹出快捷菜单中选择 "删除" 命令，弹出 "删除对象" 对话框，单击 "确定" 按钮，将删除选定的表。

在 "删除对象" 对话框中单击 "显示依赖关系"，如果有外键约束，则先删除外键约束然后才能删除该表，否则单击 "确定" 按钮后，显示消息 "删除对 … 表失败"。

一、填空题

1. SQL 全称是"结构化查询语言 (Structured Query Language)"，是 1974 年由 Boyce 和 Chamberlin 提出的，由_____、_____、_____、_____等组成。

2. 在 SQL Server 中，系统不会自动为 uniqueidentifier 列赋值，必须显式赋值，使用函数_____赋值，产生随机的 guid。

3. 一个表只能有_____个标识列，标识列不能设置为_____空值，而且只有具有_____性质的列才可以定义成标识列。

二、判断题

1. 在 SQL Server 中，每个列、局部变量、表达式和参数都具有一个相关的数据类型。（　　　）

2. 一个数据库至少应包含一个数据库文件和一个事务日志文件。（　　　）

3. 一个数据库可以有一个或多个主文件。（　　　）

4. 在 SQL Server 中，只有数据库所有者才可以用 drop database 命令一次删除一个或多个数据库。（　　　）

5. 在 SQL Server 中，可以用 alter database 命令来增加数据库中的文件，但不能删除数据库中的文件。（　　　）

6. 实体完整性也称行完整性，要求表中不能有重复的行存在。（　　　）

7. 凡数据类型名称以字符 n 开头的都用来存储 unicode 编码的数据类型。（　　　）

8. varchar(max) 和 nvarchar(max) 数据类型不仅可以存储 2 GB 的数据，而且对执行它们的操作或使用它们的函数没有任何限制。（　　　）

9. 一个表某列定义为默认值 default，其默认值是一个常量表达式，可以包含常量、系统函数，也可以包含表中的列。（　　　）

10. 一个表只能有一个主键，主键所在列不能设置为允许空值，而且主键所在列的值也不能重复。（　　　）

11. 设置了 check 约束，在插入或更新记录时，只有满足条件才能录入。（　　　）

12. 如果设置了 on delete cascade，那么在删除记录时，删除父表中的记录，则删除子表中相关联的记录。（　　　）

三、单选题

1. int 类型的数据其长度是（　　　）字节。

A. 4　　　　　　　B. 6　　　　　　C. 8　　　　　　　　D. 10

2. 参照完整性也称引用完整性，要求相关数据表中的数据保持一致性，通过设置（　　）加以实现。

A. unique　　　　B. identity　　　C. foreign key　　　　D. check

3. 域完整性也称列完整性，指定列的输入有效性，通过设置（　　　）加以实现。

A. unique　　　　　B. identity　　　C. foreign key　　　　D. check

四、多选题

1. 数据类型为精确浮点型的有（　　　）。

A. int　　　　　B. numeric[(p[,s])]　　　C. decimal[(p[,s])]　　　D. float[(n)]

2. 具有"存多占多"特点的数据类型有（　　　）。

A. char　　　　　B. varchar　　　　　C. nchar　　　　　　D. nvarchar

3. 实体完整性也称行完整性，可以通过设置（　　　）等方法加以实现。

A. 主键约束 (primary key)　　　　　　　B. 标识列属性 (identity)

C. 唯一性约束 (unique)　　　　　　　　D. 唯一索引 (unique index)

4. 数据库中的表由（　　　）等几个部分组成。

A. 表名　　　　　　　　　　　　　　　B. 列名

C. 列的数据类型　　　　　　　　　　　D. 列中是否允许有空值

5. 一个表某列定义为默认值 default，可以是默认值的选项有（　　　）。

A. 21　　　　　　　B. 2021-05-01　　　C. $23　　　　D. ' 男 '

6. 唯一性 (unique) 约束的特点有（　　　）。

A. 不能是主键约束所在列

B. 每个表可以定义多个唯一性约束

C. 约束所在列不允许输入重复值 (或组合值不重复)

D. 所在列允许有空值

五、操作题

1. 在创建表时创建 Uniqueidentifier 类型的字段，并自动赋值。要求：在空缺处补充代码。

```
create table dbo.mytable_rand
    (
    columnA uniqueidentifier _____ _____ ,
    columnB int,
```

```
columnC varchar(10)
)
```

2. 创建数据库 studscore1，数据库文件和日志文件存放在 D:\sq，主文件逻辑名称 studscore1_data1，物理文件名 studscore1_data1.mdf，初始大小为 5 MB，最大为无限大，增长速度 10%，日志文件逻辑名称 studscore1_log1，物理文件名 studscore1_log1.ldf，初始大小 3 MB，最大 8 MB，增长速度 1 MB。要求：在横线处补充完整相应的代码。

```
create database studscore1
on
(name=studscore1_data1,
  filename='D:\sq\studscore1_data1_____',
  size=_____ ,
  maxsize=_____ ,
  filegrowth=10%)
log on
(name=studscore1_log1,
  filename='D:\sq\studscore1_log1_____ ',
  size=3,
  maxsize=8,
  filegrowth=1)
```

3. 创建学生信息表，并设置完整性约束。要求：在横线处补充完整相应的代码。

```
create table student
(
  s# varchar(10) constraint pk_s#_____ key,
  name varchar(20),
  age int _____ ck_age check (age>14 and age<100),
  sex char(2)，
  constraint uq_sname _____ ,
  constraint ck_sex check (sex _____ (' 男 ',' 女 '))
)
```

六、实践题

1. 创建一组相关的表：categories、books、orders、orderitems，其中表的列名、列的数据类型、列约束、是否为空值等信息如下：

Categories(categorycode(PK,nchar(4))、categoryname(nvarchar(50),null))。

Books(bookid(PK,int)、title(nvarchar(50),not null)、isbn(nchar(20),not null)、author(nvarchar(50), not null)、unitprice(decimal(6,2),null)、categorycode(FK,nchar(4),null))。

Orders(orderid(PK,int)、orderdate(datetime,not null)、shipdate(datetime,null)、customerid(int,not null))。

Orderitems(orderid(PK,nchar(10))、bookid(PK,int)、quantity(int,not null)、price(decimal(6,2),null)、total(计算，quantity*price,null))。

要求：使用代码方式定义表的结构，并定义必要的约束。

2. 创建一组相关的表：student、sc、class、course，其中表的列名、列的数据类型、列约束、是否为空值等信息如下：

Student(s#(PK,varchar(12))、sname(varchar(20),null)、age(int,null)、sex(char(2),null)、classid(varchar(10),null)、email(varchar(50),null))。

Sc(s#(PK,varchar(12))、c#(varchar(20),not null)、score(numeric(5,1),null))。

Class(classid(PK,varchar(10))、classname(varchar(50),not null)、classdesc(nvarchar(50),null))。

Course(c#(PK,varchar(10))、cname(varchar(20),not null)、credit(numeric(3,1),not null))。

要求：使用菜单方式定义表的结构，并定义适当的约束。

3. 创建一组相关的表：department、employees、customers，其中表的列名、列的数据类型、列约束、是否为空值等信息如下：

Department(dpid(PK,varchar(10))、dpname(varchar(50),not null)、telephone(varchar(11),not null)、fax(varchar(11),not null)、manager(varchar(10),not null))。

Employees(empid(PK,varchar(10))、name(varchar(10),not null)、salary(float,not null)、dpid(varchar(10),not null))。

Customers(customerid(varchar(2),not null)、customername(varchar(20),null)、emailaddress(varchar(50),null)、passid(varchar(8),null)、referred(varchar(2),null))。

要求：定义表的结构，并定义必要的约束。

第 5 章　关系数据库语言 SQL (下)

表格是数据库里最重要的对象,包括结构和数据。创建表只是创建表的结构,其中并不包含数据,可以通过 Insert 语句向表中插入数据,使用 Update 语句更新数据,还可以用 Delete 语句对不需要的数据记录进行删除,甚至清空整个表。

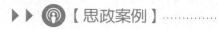 【思政案例】

大数据及其体系

大数据领域每年都会涌现出大量新的技术,成为大数据获取、存储、处理分析或可视化的有效手段。大数据技术能够将大规模数据中隐藏的信息和知识挖掘出来,为人类社会经济活动提供依据,提高各个领域的运行效率,甚至整个社会经济的集约化程度。

一个典型的大数据技术栈,自底向上分基础设施层、数据存储管理层、计算处理层和数据分析与可视化层。大数据的基本处理流程与传统数据处理流程并无太大差异,主要区别在于大数据要处理大量、非结构化的数据,因此在各处理环节中都可以采用并行处理。目前,Hadoop、MapReduce 和 Spark 等分布式处理方式已经成为大数据处理各个环节的通用处理方法。

在大数据的生命周期中,数据采集是第一个环节,主要有四种来源:管理信息系统、Web 信息系统、物理信息系统和科学实验系统。对于不同的数据集,可能存在不同的结构和模式,如文件、XML 树、关系表等,表现为数据的异构性。对多个异构的数据集,需要做进一步集成处理或整合处理,将来自不同数据集的数据收集、整理、清洗、转换后,生成到一个新的数据集,为后续查询和分析处理提供统一的数据视图。目前,在数据清洗和质量控制上,已经推出了 Data Flux、Data Stage 等工具。

数据分析包括查询分析、流分析以及更复杂的分析 (如机器学习、图计算等)。查询分析大多基于表结构和关系函数,流分析基于数据、事件流以及简单的统计分析,而复杂分析则基于更复杂的数据结构与方法,如图、矩阵、迭代计算和线性代数。一般意义的可视化是对分析结果的展示,基于大规模数据的实时交互可视化分析以及在这个过程中引入自动化的因素是当前研究的热点。

思考：

大数据产业将带给我们什么？在历史机遇面前，我们应该怎么努力？

5.1 数据操作语言（DML）

SQL 中数据操作语句包括 insert、update 和 delete，分别实现数据的插入、更新和删除功能。与后面讨论的 select 语句相比，数据操作语句相对简单，本节主要通过例子来介绍这几个语句的用法。

5.1.1 数据插入

1. 命令方式插入数据

SQL 使用 insert 语句为数据表添加记录。insert 语句通常有两种形式：一种是一次插入一条记录，另一种是一次插入多条记录，即使用子查询批量插入。

insert 的基本语法格式如下：

insert [into] tablename [(column{,column})] values(columnvalue[{,columnvalue}])

使用查询结果插入记录的格式如下：

insert [into] tablename...values(select...from...)

此方法在 select 部分再单独介绍。

参数说明：

• insert into 是插入语句的命令关键词，其中 into 可以省略。tablename 指定要向其中插入数据的表的名称。columnlist 是列列表，用来指定要向其中插入数据的列，列和列之间用逗号分开。

• values 用于引出要插入的数据，columnvalue 是数据表达式列表，数据项之间需要用逗号分开。

向表中插入数据应注意以下几点：

(1) 数据表达式列表 columnvalue 中的数据值应该与列列表 columnlist 中的列一一对应，数据类型也应该兼容。

(2) 必须为表中所有定义 not null 的列提供值，对于定义为 null 的列既可以提供值也可以不提供值。

(3) 如果表中存在标识列，则不能向标识列中插入数据。如果表中有计算列，则不能向计算列中插入值。

(4) 因为主键所在列不允许有空值也不允许有重复值，所以插入数据时必须保证主键所在列中有值而且不能与该列中已经存在的值重复。

(5) 如果表中存在外键约束，则向表中插入数据时要注意避免违反参照完整性约束。

在接下来的例子中将向表 books 中插入数据。先分析一下 books 表的特点，表中包括 6 个列，即 bookid、title、isbn、author、unitprice 和 categorycode。其中：bookid 是主键、int 类型；title、isbn 和 author 被定义成 not null、字符型；categorycode 是一个外键，父表是 categories，存放图书的类别，categories 表中已经存在数据，如图 5-1 所示。

XWQ123\SQLEXPRESS... - dbo.categories

	categorycode	categoryname
▶	001	财经类
	002	管理类
	003	计算机类
	004	文学类
	005	杂志类
	006	其他类
*	NULL	NULL

◆ 图 5-1　categories 表

例 5-1　向表 books 中插入一条图书记录。代码如下：

```
insert into books(bookid,title,isbn,author,unitprice,categorycode) values(2,'HTML5+CSS3 网页设计',
'978-7-5635-5232-1', '周涛',45.00, '003')
```

说明：例 5-1 中向所有列中都插入了数据，而且数据项的顺序与表中各个列的顺序一致，这种情况下可以省略列列表。如果字段是字符型、日期型，则插入的值需要加单引号作为定界符，数值型数据不加单引号。

例 5-2　向表 books 中插入一条在表 categories 中没有对应类别号的图书记录。代码如下：

```
insert books values(14, 'SQL Server 项目教程', '978-7-1254-2487-1', '王英',35.10, '007')
```

执行上述语句时系统报错，从消息窗口中可以看到提示信息为 insert 语句与 foreign key 约束“FK_books_categories”冲突。解决办法是先在表 categories 中添加“007”类别。

例 5-3　向 orderitems 表中插入 2 条记录，分别是 1 号订单中的 5 号和 6 号图书。该表包括 orderid、bookid、quantity、price、total 列，其中主键是 (orderid，bookid)；total 是计算列 (等于 quantity 乘以 price)。代码如下：

```
insert into orderitems(orderid,bookid,quantity,price) values(1,5,15,38.5),(1,6,10,26.1)
```

说明：计算列不需要输入，自动计算。

2. 菜单方式插入数据

在 SSMS 中，除了用 insert 语句插入记录，还可以使用菜单方式插入记录。

例 5-4　向 student 表中插入记录。其中有一个主键约束 PK_s#、一个检查约束 CK_student_email(默认格式：email like '%_@%_._%')。

操作步骤如下：

(1) 在"对象资源管理器"中，展开"数据库"节点和"表"节点，用鼠标右键单击 student 表，在弹出的快捷菜单中选择"编辑前 200 行"，进入编辑界面，如图 5-2 所示。

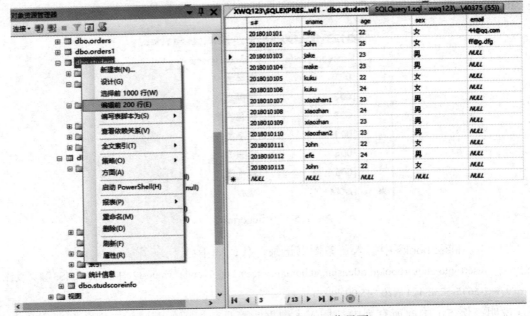

◆ 图 5-2 "编辑前 200 行"工作界面

(2) 依次输入各行字段的值，单击"保存"按钮。

如果需要删除某行，单击行前的按钮选中整条记录，或按住"Ctrl"键选中多条记录，或拖动鼠标左键选定多条记录，并在选中记录上单击鼠标右键，在弹出的快捷菜单中选择"删除"命令，则删除相应的数据记录。

5.1.2 数据更新

SQL 使用 update 语句更新或修改满足规定条件的记录。

update 语句的格式如下：

```
update tablename
    set column=newvalue[,nextcolumn=newvalue2...]
    [where columnname operator value[and|or columnname operator value]]
```

说明：将符合 where 条件的记录的一个或多个列修改为新值。若省略 where，则全表更新。operator 即运算符。

例 5-5　在数据库 studscore_ds1 中，将表 student 中 s# 是 2018010103 的学生的 age 加 1。代码如下：

```
update student
```

```
set age=age+1 where s#='2018010103'
```

说明：如果省略 where 条件，则所有记录加 1 岁。

例 5-6　将学生 John 的性别改为"男"，年龄改为"23"。代码如下：

```
update student
set sex=' 男 ',age=23 where sname='John'
```

5.1.3　数据删除

SQL 使用 delete 语句删除数据库表格中的行或记录。

1. delete 语句

语句格式如下：

```
delete from < 表名 > where < 条件 >
```

说明：将符合 < 条件 > 的记录从表中删除。

例 5-7：在数据库 studscore_ds1 中，将表 student 中学号 s# 为 2018010101 的学生删除。代码如下：

```
delete from student where s# ='2018010101'
```

说明：如果省略 where 条件，则删除表中所有的记录。

2. truncate table 命令

如果要删除表中的所有数据记录，则使用 truncate table 命令比用 delete 命令快得多，这是因为 delete 命令除了删除数据外，还会对删除数据在事务处理日志中作出记录，以便删除失败时可以使用事务处理日志来恢复数据。而 truncate table 命令的功能相当于使用不带 where 子句的 delete 命令。

语句格式如下：

```
truncate table table_name
```

例 5-8　删除学生成绩表 studscoreinfo 中的所有记录。代码如下：

```
truncate table studscoreinfo
```

需要指出的是，truncate table 命令不能用于有依赖关系的表，也不能激发触发器。

5.1.4　merge 语句

1. 功能

merge 关键字是在 SQL Server 2008 引入的 DML 关键字，它能将 insert、update、delete 简单地并为一句。MSDN 对 merge 的解释是：根据与源表连接的结果，对目标表执行插入、更新或删除操作。例如，根据在另一个表中找到的差异在一个表中插入、更新或删除行，可以对两个表进行同步。通过这个描述可以看出，merge 是对两个表之间的数据进行操作的。

merge 的功能是：检查原数据表记录和目标表记录，如果记录在原数据表和目标表中均存在，则目标表中的记录将被原数据表中的记录更新（执行 update 操作）；如果目标表中不存在的某些记录在原数据表中存在，则原数据表的这些记录将被插入到目标表中（执行 insert 操作）。

2. 语法格式及示例

merge 的语法格式如下：

```
merge into table_name [table_alias]
using {table|view|sub_query} [table_alias]
on(join condition)
when matched[and<clause_search_condition>] then
update set
col1=coll_val1,
col2=col2_val2
when not matched[and<clause_search_condition>] then
insert(column_list)
values(column_values)
```

参数说明：

第一行 merge 子句：命名目标表并给出别名。

第二行 using 子句：提供 merge 操作的数据源，并给出别名。

第三行 on 子句：指定合并的条件。

第四行 when matched then 子句：判断条件符合则对目标表更新或删除。

第八行 when not matched then 子句：判断条件不符合则执行插入的操作。

例 5-9　将表 student 中年龄为 21 和 22 岁的学生信息添加到表 studentinfo 中。

首先，复制 student 表的结构到 studentinfo，代码如下：

```
select top 0 s#,sname,age,sex,classid into studentinfo from student
```

其次，添加记录，代码如下：

```
insert into studentinfo select * from student where age=21 or age=22
```

例 5-10　使用 merge 关键字合并学生信息表 studentinfo。代码如下：

```
merge studentinfo i
using student d
on i.s#=d.s#
when matched then update set i.sname=d.sname,i.age=d.age+1
when not matched then insert values(d.s#,d.sname,d.age,d.sex,d.classid);
```

说明：merge 语句必须以分号 (;) 结尾。

5.2　数据查询语言 (DQL)

在数据库操作中，数据查询是最主要的操作，SQL 中的数据查询功能非常全面。SQL 使用 select 语句来实现数据的查询，并按用户要求检索数据，将查询结果以表格的形式返回。

5.2.1　SQL 简单查询

1. 查询结构

1) 查询的语法格式

select 查询的基本语法格式如下：

  select select_list

  [into new_table_name]

  from table_list

  [where search_conditions]

  [group by group_by_list]

  [having search_conditios]

  [order by order_list[asc|desc]]

上述语法中共有 7 个子句，其中 select 和 from 子句是必不可少的。各子句的功能如下：

(1) select_list 子句用于指定希望查看的列，中间用逗号分隔。

(2) into new_table_name 子句用于将检索出来的结果集创建一个新的数据表。

(3) from table_list 子句用于指定检索数据的数据表的列表。

(4) where < 条件 > 子句用于对数据行进行筛选，指定查询的条件，是一个条件表达式，只有满足条件的数据行才作为查询的对象。

(5) group by < 分组列名表 > 子句用于指定要分组的列。

(6) having < 条件 > 子句用于指定分组的条件。从结果集对记录进行筛选，只有满足条件表达式的组才作为查询的对象。

(7) order by < 排序列名表 > 子句用于对查询的结果排序。asc 表示升序排序，desc 表示降序排序。asc 是默认选项。

2) select 查询的执行过程

虽然 select 查询的各个子句书写的顺序是 select → from → where → group by → having → order by，但是在计算机中各个子句实际的执行顺序是 from → where → group by → having → select → order by。也就是说首先确定从哪个或哪些表 (或视图) 中查询数据，

如有必要就筛选，如有必要就分组，还有必要再对分组进行筛选。接下来确定查询结果，如有排序要求就对查询结果进行排序。其过程如下：

(1) 读取 from 子句中基本表、视图的数据，执行笛卡尔积操作。例如，从两张表中取数，对比记录数、两张表记录数的乘积数，理解笛卡尔积。

(2) 选取满足 where 子句中给出的条件表达式的元组。

(3) 按照 group by 子句中指定列的值进行分组，同时提取满足 having 子句中组条件表达式的那些组。

(4) 按照 select 子句中给出的列名或列表达式求值输出。

(5) order by 子句对输出的目标表进行排序，按 asc(升序) 排列，或按 desc(降序) 排列。

3) 使用 select 查询应注意的问题

(1) 在数据库系统中，可能存在对象名称重复的现象。例如，两个用户同时定义了 studinfo 的表，在引用用户 ID 为 stud 的用户定义的 studinfo 表时，需要使用用户 ID 限定数据表的名称。语法代码如下：

select * from stud.studinfo

(2) 在使用 select 语句进行查询时，需要引用的对象所在的数据库不一定总是当前的数据库，在引用数据表时需要使用数据库来限定数据表的名称。语法代码如下：

select * from studscore_ds1.dbo.studinfo

select * from studscore_ds1..studinfo

(3) 在 from 子句中指定的数据表和视图可能包含有相同的字段名称，外键字段名称很可能与相应的主键字段名称相同。因此，为避免字段引用时的歧义，必须使用数据表或视图名称来限定字段名称。语法代码如下：

select studinfo.studno,studname,classinfo.classid,classname

from studinfo,classinfo

where studinfo.classid=classinfo.classid

2. 查询操作

1) select 子句

select 子句指定需要通过查询返回的表的列。

语法格式如下：

select [all|distinct][top n[percent][with ties]] <select_list>

其中：

<select_list>=

{*

|{table_name|view_name|table_alias}.*

|{column_name|expression|identitycol|rowguidcol}

[[as]column_alias]

|column_alias=expression}[,...n]

参数说明：

(1) all：指明查询结果中可以显示值相同的列，all 是系统默认的选项。

(2) select_list：指所要查询的表的列的集合，多个列之间用逗号分开。

(3) *：通配符，返回所有对象的所有列。

(4) table_name|view_name|table_alias.*：限制通配符 * 的作用范围，凡是带 * 的项均返回其中所有的列。

(5) column_name：指定返回的列名。

(6) expression：表达式可能为列名常量、函数或它们的组合。此时应给表达式指定一个别名，通常有 3 种方式：原列名 as 别名、原列名别名、别名 = 原列名。在一个查询语句中，也可以混合使用以上 3 种方式来定义别名。

(7) identitycol：返回 identity 列。如果 from 子句中有多个表含有 identity 列，则在 identitycol 选项前必须加上表名，如 table.identitycol。

(8) rowguidcol：返回表的 rowguidcol 列，同 identitycol 选项。当要指定多个 rowguidcol 列时，选项前要加上表名。

(9) column_alias：在返回的查询结果中用此别名替代列的原名。column_alias 可用于 order by 子句，但不能用于 where、groupby、having 子句。

下面是两个 *（通配符）的使用实例。

例 5-11　查询学生信息表 student 的所有记录。代码如下：

```
select * from student
```

等同于以下代码：

```
select s#,sname,sex,age,classid from student
```

例 5-12　查询学生信息表 studscoreinfo，并使用计算列。代码如下：

```
select studno,courseid,studscore*0.8 from studscoreinfo
```

注意：查看查询结果，此处 studscore*0.8 无别名，没有字段名。

select 语句中使用 all/distinct 选项来显示表中符合条件的所有行或删除其中重复的数据行。all 是默认选项，可以省略，因此不需要特别指定。distinct 关键字用于去除重复的记录，如果 distinct 后面是多个字段名，则是多个字段的组合不重复的记录。null 值被认为是相同的值。

例 5-13　查询学生信息表 studinfo 中不重复的性别记录。查询结果如图 5-3 所示。代码如下：

```
select distinct studsex from studinfo
```

数据库 SQL Server/SQLite 教程

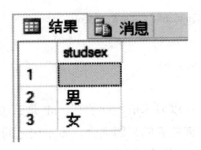

◆ 图 5-3　distinct 关键字

在数据查询时，经常需要查询最好的、最差的、最前的、最后的几条记录，这时需要用到 top 关键字。top n[percent] 用于指定返回查询结果的前 n 行数据，如果有 percent 关键字指定，则返回查询结果的前百分之 n 行的数据。with ties 选项只能在使用了 order by 子句后才能使用。当指定此项时除了返回由 top n[percent] 指定的数据行外，还要返回与 top n[percent] 返回的最后一行记录中由 order by 子句指定的列的列值相同的数据行。

例 5-14　查询学生信息表 studinfo 中前 10 条记录。代码如下：

　　select top 10 * from studinfo

例 5-15　查询学生成绩信息表 studscoreinfo 中 courseid 为 a0101，成绩前 20% 的记录。代码如下：

　　select top 20percent * from studscoreinfo where courseid='a0101'

例 5-16　查询学生成绩信息表 studscoreinfo 中 courseid 为 a0101，成绩排在前 3 名的记录。代码如下：

　　select top 3 * from studscoreinfo where courseid='a0101' order by studscore desc

例 5-17　查询学生成绩信息表 studscoreinfo 中 courseid 为 a0101，成绩排在前 3 名的记录，包括并列成绩。代码如下：

　　select top 3 with ties * from studscoreinfo where courseid='a0101' order by studscore desc

SQL 使用 as 关键字进行别名运算 (as 可以省略，但空格不能省略)，可灵活指定查询结果各字段显示的名称。此外，如果别名中间包括空格，则必须加双引号。

例 5-18　查询表 student 的 s#、sname、classid 等信息，且字段名以中文名字显示。代码如下：

　　select s# as 学号 ,sname 姓名 , 班级编号 =classid from student

2) into 子句

into new_table_name 子句用于将查询的结果集创建一个新的表。新表的列由 select 子句中指定的列构成，且查询结果各列必须具有唯一的名称。新表中的数据是由 where 子句指定的，但如果 select 子句中指定了计算列，在新表中对应的列则不是计算列，而是一个实际存储在新表中的列，其中的数据由执行 select…into 语句时计算得出。

例 5-19　查询表 studscoreinfo 中 courseid 为 a0101 的记录，并插入到新表 stscore_1。

代码如下：

```
select * into stscore_1 from studscoreinfo where courseid='a0101'
```

3) from 子句

from 子句主要用来指定检索数据的来源，指定数据来源的数据表和视图的列表，该列表中的表名和视图名之间用逗号分开。from 子句不可省略。

语法格式如下：

```
from {<table_sourse>}[,...n]
```

例 5-20　使用表别名查询表 studinfo 中的记录。代码如下：

```
select s.studno 学号 ,s.studname 姓名 from studinfo s
```

4) where 子句

where 子句用于对表中的数据记录进行筛选，其中构造筛选的条件表达式是重点。需要强调的是，在 where 子句中不能使用聚合函数及别名。

语法格式如下：

```
where <search_condition>
```

功能：限制结果集内返回的行。

查询的限制条件可以是比较运算符 (=、<>、<、>、>= 等)、范围说明 (between and 和 not between and)、可选值列表 (in、not in)、模式匹配 (like、not like)、是否为空值 (is null 和 is not null)、上述条件的逻辑组合 (and、or、not)。分别介绍如下：

(1) 使用比较查询条件。比较查询条件由表达式的双方和比较运算符组成，系统根据查询条件的真假来决定某一条记录是否满足查询条件。只有满足查询条件的记录才会出现在最终结果集中。

例 5-21　查询成绩大于 70 的学生成绩信息。代码如下：

```
select * from studscoreinfo where studscore>70
```

例 5-22　查询 1981 年 1 月 1 日及以后出生的学生信息。代码如下：

```
select * from studscoreinfo where studbirthday>='1981/01/01'
```

(2) 使用逻辑运算符。and 连接两个布尔表达式并当两个表达式都为 true 时返回"true"。or 将两个条件结合起来。not 用于反转查询条件的结果。其优先级顺序是：括号最优先，其次 not ＞ and ＞ or。

例 5-23　查询学生成绩在 60 到 70 之间的所有记录。代码如下：

```
select * from studscoreinfo where studscore ＞ =60 and studscore ＜ =70
```

例 5-24　查询学生成绩小于等于 70 或者大于等于 90 的所有记录。代码如下：

```
select * from studscoreinfo where studscore ＜ =70 or studscore ＞ =90
```

(3) 使用范围查询条件。内含范围条件 (between…and) 要求返回记录某个字段的值在两个指定值范围内，同时包括这两个指定的值。排除范围条件 (not between…and) 则相反。

例 5-25　查询学生成绩在 70 到 80 之间的记录。代码如下：

select * from studscoreinfo where studscore between 70 and 80

(4) 使用列表查询条件。in 关键字的格式为：in(列表值 1，列表值 2，…)。其功能是将返回所有与列表中的任意一个值匹配的记录。

例 5-26　查询课程代码 courseid 为 a0101、a0102 的学生成绩信息。代码如下：

select * from studscoreinfo where courseid in('a0101', 'a0102')

(5) 使用模式查询条件 (like 或 not like)。模式查询条件常用来返回符合某种格式的所有记录。模式匹配通配符是 like，另外还需要使用模式通配符，如表 5-1 所示。

表 5-1　like 通配符一览表

通配符	描　　　述
%	包含 0 个或任意多个的任意字符串
_	代表任何单个字符
[]	指定范围 ([a-f]) 或集合 ([abcdef]) 中的任何一个字符
[^]	不在指定范围 ([a-f]) 或集合 ([abcdef]) 的任何一个字符

例 5-27　查询姓名以 "李" 字开头的学生信息。代码如下：

select * from studinfo where studname like ' 李 %'

例 5-28　查询姓名第二个字为 "琼" 的学生信息。代码如下：

select * from studinfo where studname like '_ 琼 %'

(6) 使用空值判断查询。空值查询常用于查询某一字段为空值的记录，可以使用 "is null" (是空值) 或 "is not null" (不是空值) 关键字来指定查询条件。

在表的某些列可能存在空值 "null"。"null" 不是一种值，表示一种未知或不确定的状态，它并不表示零、零长度的字符串或空白 (字符值)。

例 5-29　在班级信息表 classinfo 中，查询班级描述为空的班级情况。代码如下：

select * from classinfo where classdesc is null

5) group by 子句

有时需要对表中的数据进行分组，然后对每个组单独进行统计计算，此时需要使用 group by 子句。在按照指定的条件进行分类计算时，可以使用聚合函数计算各组的数据。

语法格式如下：

group by [all]group_by_expression[,...n]

其中：group_by_expression 是对表执行分组的表达式，也称分组列。

注意，在使用 group by 子句时，只有聚合函数和 group by 分组的列才能出现在 select 子句中。如果需要在 select 子句出现的列，就要写在分组字段的后面。

聚合函数在查询结果集中生成汇总值。聚合函数 (除 count(*) 以外) 处理单个列中全部所选的值以生成一个结果值。聚合函数可以应用于表中的所有行、where 子句指定的表的子集或表中一组或多组行。

常用的聚合函数及其含义如表 5-2 所示。

表 5-2　聚 合 函 数

聚合函数	含　　义
sum(expression)	数字表达式中所有值的和
avg(expression)	数字表达式中所有值的平均值
count(expression)	表达式中值的个数
count(*)	选定的行数
max(expression)	表达式中的最高值
min(expression)	表达式中的最低值

例 5-30　统计所有成绩的平均分。代码如下：

```
select avg(studscore) from studscoreinfo
```

例 5-31　统计课程代码 A0101 的所有成绩的平均分。代码如下：

```
select avg(studscore) from studscoreinfo where courseid='A0101'
```

例 5-32　统计课程代码 A0101 的成绩平均分、最高分、最低分，并指定别名。代码如下：

```
select avg(studscore) avgscore,max(studscore) maxscore,min(studscore) minscore
from studscoreinfo where courseid='A0101'
```

聚合函数通常与 group by 一起使用，对给定字段分组之后的结果进行分类计算。显示结果时，可以对聚合函数使用别名。

例 5-33　在表 studinfo 中，统计男生和女生的人数。代码如下：

```
select studsex,count(studsex) as 人数 from studinfo group by studsex
```

注意：select classid,studsex,count(studsex) as 人数 from studinfo group by studsex

直接在 select 子句中加 classid 是不对的。正确的写法如下：

```
select classid,studsex,count(studsex) as 人数 from studinfo group by studsex,classid
```

例 5-34　在 studscoreinfo 表中，统计各个学生的总分、课程门数、平均分及总平均分。并用 cast 函数保留 2 位小数。代码如下：

```
select studno,sum(studscore) as 总分 ,count(*) 课程门数 ,cast(avg(studscore) as numeric(6,2)) 平均
分 ,cast(sum(studscore)/count(*) as numeric(6,2)) as 总平均分 from studscoreinfo group by studno
```

6) having 子句

having 子句用于指定分组搜索条件，是对分组之后的结果再次筛选。having 子句必须和 group by 子句一起使用，有 having 子句就必须有 group by 子句，但有 group by 子句可以没有 having 子句。

having 和 where 类似，其区别在于 where 子句在进行分组操作之前对查询结果进行筛选，而 having 子句是对分组操作之后的结果再次筛选。作用的对象也不同，where 子句作用于表和视图，having 子句作用于组。

例 5-35　查询平均分在 75 及以上的学生记录。代码如下：

```
select studno,cast(avg(studscore) as numeric(6,1)) avgscore from studscoreinfo
group by studno having avg(studscore)>=75
```

注意：聚合函数只能应用于 select 子句和 having 子句。

7) order by 子句

order by 子句指定查询结果的排序方式。其语法格式如下：

```
order by{order_by_expression[asc|desc]}[,...n]
```

order_by_expression 可以是表或视图的列的名称或别名。asc 表示升序（默认）；desc 表示降序。

例 5-36　统计各个学生的平均分，并按平均分由高到低进行排序。代码如下：

```
select studno,avg(studscore) as 平均分 from studscoreinfo group by studno order by 平均分 desc
```

例 5-37　查询所有图书的编号、书名、单价和类别代号，先按类别代号升序排列，对于类别代号相同的图书再按单价降序排列。代码如下：

```
select bookid,title,unitprice,categorycode from books order by categorycode,unitprice desc
```

注意：升序 asc 可以省略，但降序 desc 不可省略。

5.2.2　SQL 高级查询

前一节介绍了 SQL 查询的基本功能和方法，本节通过介绍 SQL 高级查询技术，包括多表关联查询，union 子句的使用，子查询（嵌套查询）的使用，左连接、右连接、全连接查询，实用 SQL 语句的使用等内容和方法，完成一些重要而复杂的操作。

1. 关联表查询

SQL 简单查询是基于单个数据表来实现的。在数据库中，各个表存放着不同的数据，表和表之间存在着各种联系，往往需要用多个表中的数据来组合查询，补充所需要的信息。所谓多表查询是相对于单表查询而言的，是指从多个关联表中查询数据，通常采用等值多表查询的方式，即在 where 子句中设置等值的条件来查询多个数据表中关联的数据。这种查询要求关联的多个数据表的某些字段具有相同的属性，即具有相同的数据类型和宽度。

1) 双表关联查询

在 where 子句中，可以将具有相等的字段值的两张表连接起来，数据来源于两张表。

例 5-38　查询某班级学生的基本信息和成绩信息，数据来源于表 student 和表 sc，代码如下：

```
select * from student,sc where student.s#=sc.s#
```

查询结果如图 5-4 所示。

	s#	sname	age	sex	s#	c#	score
1	2018010101	mike	21	女	2018010101	001	81.0
2	2018010101	mike	21	女	2018010101	002	76.0
3	2018010102	John	24	女	2018010102	001	78.0
4	2018010102	John	24	女	2018010102	002	90.0
5	2018010102	John	24	女	2018010102	003	82.0
6	2018010102	John	24	女	2018010102	004	86.0
7	2018010103	jake	21	男	2018010103	001	56.0
8	2018010103	jake	21	男	2018010103	002	65.0
9	2018010103	jake	21	男	2018010103	004	100.0
10	2018010104	make	22	男	2018010104	001	77.0
11	2018010104	make	22	男	2018010104	002	92.0
12	2018010105	kuku	21	女	2018010105	002	61.0

◆ 图 5-4　等值查询

从查询结果中可以看到，有 5 个学生有成绩。但同时，也可以发现 s# 出现重复，也不知道 c# 代表什么课程。

例 5-39　查询某班级学生的基本信息和成绩信息，包括 s#、sname、age、c#、score 等字段，数据来源于 student 表和 sc 表。代码如下：

```
select student.s#,sname,age,c#,score from student,sc where student.s#=sc.s#
```

例 5-40　使用别名、逻辑运算符查询满足复杂条件的记录，结果如图 5-5 所示。代码如下：

```
select s.s# 学号 ,sname 姓名 ,c# 课程代码 ,score 成绩 from student s,sc where s.s#=sc.s# and c#='001'
```

	学号	姓名	课程代码	成绩
1	2018010101	mike	001	81.0
2	2018010102	John	001	78.0
3	2018010103	jake	001	56.0
4	2018010104	make	001	77.0

◆ 图 5-5　双表别名查询

2) 多表关联查询

有时需要将多个表进行关联查询，才能比较完整地反映有关信息。超过两个表的关联查询称为多表查询，返回多个表中与连接条件相互匹配的记录，不返回不相匹配的记录。

例 5-41　根据图 5-6 所示的 student、sc 和 course 表，查询学生的基本信息，包括个人基本情况、课程信息和成绩。代码如下：

select s.s# 学号, sname 姓名, sc.c# 课程代码, c.cname 课程名称, c.credit 学分, score 成绩 from student s, course c, sc

where s.s#=sc.s# and sc.c#=c.c# and sc.c#='001'

student 表

s#	sname	Age
2018010101	mike	21
2018010102	john	24
2018010103	jake	21
2018010104	kuku	20
2018010105	kudi	22
2018010106	dcao	21

course 表

c#	cname	credit
001	Flash 动画	2.5
002	ASP 网页设计	3.0
003	SQL Server	3.5
004	写作技巧	2.0
005	网络技术	3.0

sc 表

s#	c#	score
2018010101	001	81.0
2018010101	002	76.0
2018010102	001	78.0
2018010102	002	90.0
2018010102	003	82.0
2018010102	004	86.0
2018010103	001	56.0
2018010103	002	65.0
2018010103	004	100.0

◆ 图 5-6　sc 表 (s# 和 c# 是双属性主键，c# 是外键)

查询结果如图 5-7 所示。

	学号	姓名	课程代码	课程名称	学分	成绩
1	2018010101	mike	001	Flash动画	2.5	81.0
2	2018010102	John	001	Flash动画	2.5	78.0
3	2018010103	jake	001	Flash动画	2.5	56.0
4	2018010104	make	001	Flash动画	2.5	77.0

◆ 图 5-7　多表关联查询结果

3) 关联表使用聚合函数

在单表查询中，可以使用聚合函数进行统计，但统计结果的信息不够全面，需要使用多表查询补齐相关信息。在多表关联查询中，仍可以使用聚合函数进行统计。

例 5-42　在 student、sc 等表中，查询学生的学号、姓名、平均分等字段信息。代码如下：

```
select s.s#,s.sname,avg(score) as avgscore from student s,sc where s.s#=sc.s# group by s.s#,sname
```

例 5-42 中，两表通过学号关联，因为两表均有学号字段，所以为 student 表指定别名，以别名对学号字段进行限制。使用了 group by 子句，只有 group by 后面的字段和聚合函数才能放在 select 子句后面，因此，除学号之外，姓名字段也必须放在 group by 子句后面。

2. 使用 union 连接

使用 union 运算符可以将两个或多个 select 子句的结果组合成一个结果集。

使用 union 组合的结果集都必须满足三个条件：具有相同的结构，字段数目相同，结果集中相应字段的数据类型必须兼容。同时还要注意以下几点：

(1) union 中每一个查询所涉及的列必须具有相同的列数、相同的数据类型，并以相同的顺序出现。

(2) 最后结果集里的列名来自第一个 select 语句。

(3) 若 union 中包含 order by 子句，则将对最后的结果集排序。

(4) 在合并结果集时，默认从最后的结果集中删除重复的行，除非使用 all 关键字。

union 运算符的语法格式如下：

```
select 子句

union[all]

select 子句
```

例 5-43　查询成绩在 60 ~ 70 分数段和 90 及以上区域的学生信息。代码如下：

```
select * from sc where score>=60 and score<=70

union all

select * from sc where score>=90
```

例 5-44　在 sc 表中，使用 union 统计课程编号为 001 的各分数段人数。代码如下：

```
select ' 优秀 ' as 等级 , '[90,100] ' as 分数段 ,count(*) as 人数

from sc where c#='001' and score between 90 and 100

union

select ' 良好 ' as 等级 , '[80,90)' as 分数段 ,count(*) as 人数

from sc where c#='001' and score > =80 and score < 90

union

select ' 中等 ' as 等级 , '[70,80)' as 分数段 ,count(*) as 人数

from sc where c#='A0101' and score > =70 and score < 80

union

select ' 及格 ' as 等级 , '[60,70)' as 分数段 ,count(*) as 人数
```

```
from sc where c#='001' and score > =60 and score < 70
union
select ' 不及格 ' as 等级 , ' [0,60)' as 分数段 ,count(*) as 人数
from sc where c#='001' and score < 60
```

3. 子查询

1) 子查询的基本概念

在 SQL 中，当一个查询语句嵌套在另一个查询的查询条件之中时，该查询称为嵌套查询，又称为子查询。在一个外层查询中包含有另一个内层查询，其中外层查询称为主查询，内层查询称为子查询。

通常情况下，先使用嵌套查询中的子查询挑选出部分数据，以作为主查询的数据来源或搜索条件。子查询总是写在圆括号中，任何允许使用表达式的地方都可以使用子查询。在 Transact-SQL 中，包含子查询的语句和语义上等效的不包含子查询的语句在性能上通常没有差别。但是，在一些必须检查存在性的情况下，使用连接查询会获得更好的性能。

使用子查询时应注意以下几点：

(1) 子查询的基本结构和基本查询一样，其中 select 子句和 from 子句是必需的，而 where 子句、group by 子句和 having 子句是可选的。

(2) 子查询的 select 语句通常使用圆括号括起来。

(3) 子查询的 select 语句中通常只有一个列，不能使用 compute 子句。

(4) 除非在子查询中使用了 top 选项，否则子查询中不能使用 order by 子句。

(5) 如果某个数据表只出现在子查询中，而不出现在主查询中，那么在数据列表中不能包含该数据表中的字段。

2) 子查询的使用

(1) 使用 in 关键字。当子查询的结果不唯一时，可以在子查询前使用运算符 in。in 关键字在大多数情况下应用于嵌套查询中，首先使用 select 语句选定一个范围，然后将选定的范围作为 in 关键字的符合条件的列表，从而得到最终的结果。

语法格式如下：

```
test_expression[not] in(subquery|expression[,...n])
```

参数说明：

① test_expression 是任何有效的 SQL Server 表达式。

② subquery 是包含某列结果集的子查询。expression 是一个表达式列表，用来测试是否匹配。

例 5-45 查询中考成绩满分的学生信息。代码如下：

```
select * from student where s# in(select s# from sc where score=100)
```

例 5-46 在表 orderitems、表 books 中，查询书名包含字符串 ASP 的图书的订单号、

数量。代码如下：

```
select orderid,quantity from orderitems where bookid in(select bookid from books where title like '%ASP%')
```

（2）使用比较运算符的子查询。使用比较运算符的子查询的结果必须是单值，即子查询的结果为单行单列的值。

例 5-47　查询 ISBN 为"978-7-1254-2487-1"的图书的订单号和订货数量。代码如下：

```
select orderid,quantity from orderitems where bookid=(select bookid from books where isbn='978-7-1254-2487-1')
```

（3）使用 some/any 关键字。some/any 关键字完全等价。通过比较运算符将一个表达式的值或列值与子查询返回的一列值中的每一个进行比较，如果哪行的比较结果为真，则满足条件立即返回该行。

语法格式如下：

```
scalar_expression{=|<>|!=|>|>=|!>|<=|!<}
    {some|any}(subquery)
```

参数说明：

① scalar_expression：任何有效的 SQL Server 表达式。

② {=|<>|!=|>|>=|!>|<=|!<}：任何有效的比较运算符。

③ {some|any}：指定应进行比较。当子查询的结果为多值时，使用 some|any 表示匹配子查询结果中的任意一个值即可。

④ subquery：包含某列结果集的子查询。所返回列的数据类型必须是与 scalar_expression 相同的数据类型。

例 5-48　查询表 books 的图书单价高于 orderitems 表中 orderid 为 1 的最低单价的图书信息。代码如下：

```
select * from books where unitprice > any(select price from orderitems where orderid=1)
```

（4）使用 all 关键字。all 的子查询是把列值与子查询结果进行比较，但是它要求所有列的查询结果都为真，否则不返回行。使用 all 表示匹配子查询的所有值才可以。

语法格式如下：

```
scalar_expression{=|<>|!=|>|>=|!>|<=|!<}all(subquery)
```

其中参数 subquery 返回单列结果集的子查询，是受限的 select 子句（不允许使用 order by 子句、compute 子句和 into 子句）。

例 5-49　查询表 books 的图书单价高于或等于表 orderitems 中 orderid 为 2 的最高单价的图书信息。代码如下：

```
select * from books where unitprice > =all(select price from orderitems where orderid=2)
```

或者使用单值比较，执行结果与 all 一样。代码如下：

```
select * from books where unitprice > =(select max(price) from orderitems where orderid=2)
```

(5) 使用 exists 关键字。使用 exists 关键字指定一个子查询，检测行的存在。exists 搜索条件并不真正地使用子查询的结果，它仅仅检查子查询是否返回了任何结果，因此 exists 子查询中的 select 子句可用任意列名或用 * 号。

关键字 exists 用来检验子查询的结果是否为空。在使用 exists 的子查询中，外层查询 要依次判断 exists 运算是否为 "true"。如果非空，则 exists 运算返回 "true"；如果为空，则 exists 运算返回 "false"。

例 5-50 在顾客表 customers、订单表 orders 中，查询 2009 年及以后购买过图书的 顾客的编号和姓名。代码如下：

select c.customerid,c.customername from customers c where exists(select * from orders o where o.orderdate>='09/01/01' and c.customerid=o.customerid)

当然，也可以使用 not in 关键字，查询结果一样。代码如下：

select customerid,customername from customers where customerid in(select customerid from orders where orderdate>='09/01/01')

例 5-51 在学生表 student、成绩表 sc 中，查询选修了课程的学生学号和姓名。代码 如下：

select s#, sname from student where exists(select * from sc where sc.s#=student.s#)

执行分析：对于 student 的每一行，根据该行的 s# 去表 sc 中查找有无匹配记录。

(6) 在 select 子句中使用子查询。

例 5-52 在表 orderitems 和表 books 中，查询所有图书的编号、书名、单价及订单总 量。代码如下：

select bookid,title,unitprice,(select sum(quantity) from orderitems i where i.bookid=b.bookid) as 订单 总量 from books b

例 5-52 中，不是先执行子查询然后再执行外层查询。首先执行的是外层的 from 子句，读取 books 中的数据，同时定义别名，然后执行外层的 select 子句，显示第一本书的书号、书名、单价，执行子查询，查找第一本书在 orderitems 中的订单数量并汇总统计，显示统计结果，并定义别名 "订单总量"。最后，依次显示每一本书的相关信息。

(7) 在 insert 语句中使用子查询。使用 insert into…values 语句一次向表中插入的记录 是有限的，可以将 values 子句替换为一个 select 语句，将 select 语句检索到的数据（可能 若干条）插入到指定的表中。

例 5-53 在当前数据库中，创建一个与成绩表 sc 结构相同的 sc1，将成绩在 85 和 100 之间的记录复制到该表中。操作步骤如下：

首先，复制表 sc 的结构。

复制表的结构时，使用 top 关键字，或者使用 where 条件。

select top 0 s#,c#,score into sc1 from sc

select s#,c#,score into sc1 from sc where 0<>0

其次，将子查询结果向表 sc1 中插入记录。

insert into sc1 select * from sc where score between 85 and 100

4. 连接查询

1) 基本概念及分类

在关系数据库管理系统中，表建立时各数据之间的关系不必确定，常把一个实体的所有信息存放在一个表中。当检索数据时，通过连接操作查询出存放在多个表中的不同实体的信息。连接操作给用户带来很大的灵活性，可以在任何时候增加新的数据类型，为不同实体创建新的表，然后通过连接进行查询。

如果一个查询需要对多个表进行操作，就称为连接查询。从查询数据的来源来实现表之间的连接，连接时通过各个表之间共同列的关联性来查询数据。连接查询是关系数据库中最主要的查询。

连接查询主要包括内连接查询、外连接查询和交叉连接查询等。具体如下：

(1) 内连接是 SQL Server 缺省的连接方式，又分为等值连接、自然连接和不等连接三种。

(2) 外连接的连接查询结果集中既包含那些满足条件的行，还包含其中某个表的全部行，有三种形式的外连接：左外连接、右外连接和全外连接。

(3) 交叉连接即笛卡儿积，是指两个关系中所有元组的所有组合。一般情况下，交叉连接查询是没有实际意义的。

2) 连接查询的应用

(1) 内连接查询。内连接查询 (inner join…on…) 使用比较运算符进行表间某 (些) 列数据的比较操作，并列出这些表中与连接条件相匹配的数据行。在内连接查询中，只有满足连接条件的元组才能出现在结果关系中。内连接的 3 种连接方式如下：

① 等值连接。在连接条件中使用等号 (=) 运算符比较被连接列的列值，其查询结果中列出被连接表中的所有列，包括其中的重复列。

② 非等值连接。在连接条件中使用除等号以外的其他比较运算符比较被连接的列的列值。这些运算符包括 >、>=、<=、<、!>、!< 和 <>。

③ 自然连接。在连接条件中使用等于 (=) 运算符比较被连接列的列值，查询所涉及的两个关系模式有公共属性，且公共属性值相等，相同的公共属性只在结果关系中出现一次。

内连接查询的语法格式如下：

select select_list from {<table_source><join_type><table_source>[,...n] on <search_condition>}

参数说明：

• <table_source>：参与连接操作的表名，可以是一张表，也可以是多张表。

• <join_type>=inner[outer]join

• on <search_condition>：连接操作中的 on 子句指出连接条件，它由被连接表中的列和比较运算符、逻辑运算符等构成。

数据库 SQL Server/SQLite 教程

注意：无论哪种连接，都不能对 text、ntext 和 image 数据类型列进行直接连接。

例 5-54　在表 student、sc 中，查询学生的基本信息和成绩信息。代码如下：

```
select * from student inner join sc on student.s#=sc.s#
```

例 5-55　在表 student、sc、class、course 中，查询学生的基本信息、班级信息、课程信息和成绩信息。代码如下：

```
select student.s#,sname,age,sex,student.classid,class.classname,course.c#,
course.cname,course.credit,score from class
inner join student on class.classid=student.classid
inner join sc on student.s#=sc.s#
inner join course on course.c#=sc.c#
```

查询结果如图 5-8 所示。

	s#	sname	age	sex	classid	classname	c#	cname	credit	score
1	2018010101	mike	21	女	20180101	2018电商1	001	Flash动画	2.5	81.0
2	2018010101	mike	21	女	20180101	2018电商1	002	ASP网页设计	3.0	76.0
3	2018010102	John	24	女	20180101	2018电商1	001	Flash动画	2.5	78.0
4	2018010102	John	24	女	20180101	2018电商1	002	ASP网页设计	3.0	90.0
5	2018010102	John	24	女	20180101	2018电商1	003	SQL Server	3.5	82.0
6	2018010102	John	24	女	20180101	2018电商1	004	写作技巧	2.0	86.0
7	2018010103	jake	21	男	20180101	2018电商1	001	Flash动画	2.5	56.0
8	2018010103	jake	21	男	20180101	2018电商1	002	ASP网页设计	3.0	65.0
9	2018010103	jake	21	男	20180101	2018电商1	004	写作技巧	2.0	100.0
10	2018010104	make	22	男	20180101	2018电商1	001	Flash动画	2.5	77.0
11	2018010104	make	22	男	20180101	2018电商1	002	ASP网页设计	3.0	92.0
12	2018010105	kuku	21	女	20180101	2018电商1	002	ASP网页设计	3.0	61.0

◆ 图 5-8　内连接查询结果

(2) 外连接查询。外连接分为左连接、右连接和全连接三种。与内连接不同的是，外连接不仅列出与连接条件相匹配的行，而还会列出左表（左外连接时）、右表或两个表中所有符合搜索条件的数据行。注意，此时以 on 给出搜索条件。

外连接查询的语法格式如下：

```
select select_list from{<table_source><join_type><table_source>[,...n] on <search_condition>}
```

参数说明：<join_type>=left|right|full[outer]join

① 左外连接。左外连接（left outer join 或 left join）的结果集包括 left join 或 left outer join 子句中指定的左表的所有行，而不仅仅是连接列所匹配的行。如果左表的某行在右表中没有匹配行，则在相关联的结果集行中右表的所有选择列表列均为空值。

例 5-56　在表 student、sc 中，查询表 student 的所有学生的基本信息和成绩信息。代码如下：

```
select student.s#,student.sname,student.classid,sc.c#,sc.score
from student left outer join sc on student.s#=sc.s#
```

　　查询结果如图 5-9 所示。从查询结果看，该表中 2018010106、2018010107、2018010108、2018010109 等学生没有选修课程，也就没有成绩，显示为"null"。

	s#	sname	classid	c#	score
1	2018010101	mike	20180101	001	81.0
2	2018010101	mike	20180101	002	76.0
3	2018010102	John	20180101	001	78.0
4	2018010102	John	20180101	002	90.0
5	2018010102	John	20180101	003	82.0
6	2018010102	John	20180101	004	86.0
7	2018010103	jake	20180101	001	56.0
8	2018010103	jake	20180101	002	65.0
9	2018010103	jake	20180101	004	100.0
10	2018010104	make	20180101	001	77.0
11	2018010104	make	20180101	002	92.0
12	2018010105	kuku	20180101	002	61.0
13	2018010106	kuku	20180101	NULL	NULL
14	2018010107	xiaozhan1	20180101	NULL	NULL
15	2018010108	xiaozhan	20180101	NULL	NULL
16	2018010109	xiaozhan	20180101	NULL	NULL

◆ 图 5-9　左外连接查询结果

　　② 右外连接。右外连接 (right outer join…on… 或 right join…on…) 使用 right join 或 right outer join 子句，是左向外连接的反向连接，将返回右表的所有行。如果右表的某行在左表中没有匹配行，则将为左表返回空值。

　　例 5-57　在表 student、sc 中，查询所有学生的基本信息和成绩信息。代码如下：

```
select student.s#,student.sname,student.classid,sc.c#,sc.score
from student right outer join sc on student.s#=sc.s#
```

从查询结果看，只包括图 5-9 的前 12 条记录，也就是有成绩的数据行。

　　③ 全连接。全连接 (full outer join…on… 或 full join…on…) 使用 full join 或 full outer join 子句返回左表和右表中的所有行。当某行在另一个表中没有匹配行时，则另一个表的选择列表列包含空值。如果表之间有匹配行，则整个结果集行包含基表的数据值。

　　例 5-58　在表 student、sc 中，查询出现在两个表中的所有学生的基本信息和成绩信息。代码如下：

```
select student.s#,student.sname,student.classid,sc.c#,sc.score
from student full outer join sc on student.s#=sc.s#
```

　　(3) 交叉连接查询。交叉连接 (cross join) 没有 where 子句，它返回连接表中所有数据行的笛卡尔积，是指两个关系中所有元组的所有组合，其结果集合中的数据行数等于第一个表中符合查询条件的数据行数乘以第二个表中符合查询条件的数据行数。

　　如果两个关系模式中有同名属性，那么应该在执行查询语句之前使用关系名限定同名的属性。

如果两个关系中的元组个数分别是 m 和 n,那么结果关系中的元组个数是两个关系中的元组个数的乘积,即 m×n。

例 5-59　使用交叉连接查询学生的基本信息和成绩信息。代码如下:

```
select * from student cross join sc
```

下面的语句,执行结果同上。

```
select * from student,sc
```

5. 实用 SQL 语句的使用

1) 使用 compute by 子句分类统计

compute 子句是 T-SQL 中特有的一个子句,使用 compute 子句允许用户同时观察查询所得的各列数据的细节以及综合各列数据所产生的总和。通过 compute 子句既可以计算数据分类后的和,也可以计算所有数据的总和。

语法格式如下:

```
compute{{sum|avg|count|max|min}(expression)}[,...n][by expression[,...n]]
```

参数说明:

(1) expression 用于指定需要统计的列的名称,此列必须包含于 select 列表中,且不能使用别名。该子句不能使用 text、ntext、image 数据类型。

(2) by expression 用于在查询结果中生成分类统计的行。如果使用此选项,则必须同时使用 order by 子句。expression 对应 order by 子句的 expression 的子集或全集。

例 5-60　在表 books 中,查询显示所有图书的编号、书名、单价和类别代码,最后显示所有图书的总价。代码如下:

```
select bookid,title,unitprice,categorycode from books order by categorycode compute sum(unitprice)
```

查询结果如图 5-10 所示。在结果的最后添加了一行表示所有图书单价之和。

	bookid	title	unitprice	categorycode
1	10	.Net	21.00	NULL
2	11	asp.Net	36.00	NULL
3	6	会计原理	30.00	001
4	9	市场学	17.00	001
5	3	职场英语	31.00	002
6	4	国际贸易实务	26.00	002
7	5	电子支付与结算	27.00	002
8	1	SQL Server2008	32.00	003

	sum
1	302.00

◆ 图 5-10　compute 子句查询结果

例 5-61　在表 books 中,查询显示所有图书的编号、书名、单价和类别代码,并显示每类图书的总价和所有图书的总价。代码如下:

select bookid,title,unitprice,categorycode from books order by categorycode compute sum(unitprice) by categorycode

在 compute 子句中使用关键字 by 可以实现数据行分组后再对每个组分别进行统计的功能。查询结果如图 5-11 所示。

	bookid	title	unitprice	categorycode
1	10	.Net	21.00	NULL
2	11	asp.Net	36.00	NULL

	sum
1	57.00

	bookid	title	unitprice	categorycode
1	6	会计原理	30.00	001
2	9	市场学	17.00	001

	sum
1	47.00

◆ 图 5-11　使用 compute by 查询结果

compute by 子句和 group by 子句非常相似，但两者之间又有区别。使用 group by 子句只能产生一个结果集，对分组分出的每一组数据只能产生一行结果。且在 select 子句中只能包含分组所使用的列和进行统计计算的列。使用 compute by 子句可以返回多种结果集：一是体现数据细节的每一行数据，如果指定了关键字 by 还可以对数据行进行分组显示；二是在分类基础上进行求和运算统计产生的结果。在 select 子句中可以包含除了分类所使用的列和统计计算列以外的其他列。

2) 使用关联表统计

(1) 在关联表统计中使用计算列。

例 5-62　在表 student、sc 中，对学生的成绩信息进行统计计算，代码如下：

select d.s#,d.sname,sum(score) as sumscore,cast(avg(score) as numeric(5,1)) avgscore,max(score) as maxscore,min(score) as minscore,coursecount=count(*)

from student d,sc s where d.s#=s.s# group by d.s#,d.sname

计算结果如图 5-12 所示。

	s#	sname	sumscore	avgscore	maxscore	minscore	coursecount
1	2018010101	mike	157.0	78.5	81.0	76.0	2
2	2018010102	John	336.0	84.0	90.0	78.0	4
3	2018010103	jake	221.0	73.7	100.0	56.0	3
4	2018010104	make	169.0	84.5	92.0	77.0	2
5	2018010105	kuku	61.0	61.0	61.0	61.0	1

◆ 图 5-12　使用计算列

(2) 在关联表统计中使用结果集。

例 5-63　在表 student、sc 中，统计学生的成绩信息，并进行关联查询，代码如下：

select * from student s,(select s#,sum(score) as sumscore,cast(avg(score) as numeric(5,1)) avgscore,max(score) as maxscore,min(score) as minscore,coursecount=count(*) from sc group by s#) as sccount where s.s#=sccount.s#

统计结果如图 5-13 所示。

	s#	sname	age	sex	classid	s#	sumscore	avgscore	maxscore	minscore	coursecount
1	2018010101	mike	21	女	20180101	2018010101	157.0	78.5	81.0	76.0	2
2	2018010102	John	24	女	20180101	2018010102	336.0	84.0	90.0	78.0	4
3	2018010103	jake	21	男	20180101	2018010103	221.0	73.7	100.0	56.0	3
4	2018010104	make	22	男	20180101	2018010104	169.0	84.5	92.0	77.0	2
5	2018010105	kuku	21	女	20180101	2018010105	61.0	61.0	61.0	61.0	1

◆ 图 5-13　使用结果集进行关联查询结果

5.3　数据控制语言 (DCL)

数据控制语言 (DCL) 用于用户权限的管理。权限是执行操作访问数据的通行证，只有拥有针对数据库对象的权限，才能对对象执行相应的操作。用户登录到 SQL Server 后，其安全账号所归属的 NT 组或角色所被授予的权限决定了该用户能够对哪些数据库对象执行哪种操作及能够访问修改哪些数据。

在 SQL Server 中包括两种类型的权限，即对象权限和语句权限。

针对不同的数据库对象的操作权限如表 5-3 所示。对象权限指用户是否具有权限来执行某一语句，如创建、删除等，这些语句虽然有操作对象，但是这些对象事先并不存在，因此归入语句权限，如表 5-4 所示。

表 5-3　对象权限

对　　象	操　作　权　限
表	select、insert、update、delete、references
视图	select、update、insert、delete
存储过程	execute
列	select、update

表 5-4 语句权限

语句命令	语句命令说明
create database	创建数据库
create default	创建默认值
create procedure	创建存储过程
create rule	创建规则
create table	创建表
create view	创建视图
backup database	备份数据库
backup log	备份事务日志

在 SQL Server 中使用 grant、revoke 和 deny 三个命令来管理权限。本节重点以代码为例介绍这三个命令的语法及其使用。

5.3.1 grant语句

grant 语句用于实现存取权限的授予。在关系数据库中，存取权限包括数据对象和操作类型两个部分。授权命令是由数据库管理员使用的，若给用户分配权限时带 with grant option 子句，则普通用户获权后，可把自己的权限授予其他用户。

1. 对象权限

语法格式如下：

```
grant{all[privileges]|permission[,...n]}
{
on {table|view}[(column[,...n])]
on {stored_procedure|extended_procedure}
on {user_defined_function}
} to security_account[,...n]
[with grant option]
[as {group|role}]
```

或

```
grant < 权限 > on < 数据对象 > from < 数据库用户 >
```

2. 语句权限

语法格式如下：

```
grant{all|statement[,...n]} to security_account[,...n]
```

参数说明：

(1) all 表示具有所有的语句或对象权限。对于语句权限来说，只有 sysadmin 角色才有所有的语句权限。对于对象权限来说，只有 sysadmin 和 db_owner 角色才具有访问某一数据库所有对象的权限。

(2) privileges|permission 表示对象的权限或许可。statement 是具体的数据库操作命令。

(3) on 用于指出将哪个数据库对象（表、视图、存储过程等）的权限授予用户。to 用于指出将对象的权限授予哪个或哪些用户。

(4) with grant option 指定级联授权，即用户获得权限的同时还可以将其获得的权限再授予其他用户。

(5) as{group|role} 表示组或角色，是当前数据库中有执行 grant 语句权力的安全账户的可选名。当对象上的权限被授予一个组或角色时使用 as，对象权限需要进一步授予不是组或角色的成员的用户。因为只有用户（而不是组或角色）可执行 grant 语句，组或角色的特定成员授予组或角色权力之下的对象的权限。

特别说明，只能将当前数据库中的对象和语句的权限授予当前数据库中的用户。另外，系统存储过程是例外，因为 execute 权限已经授予 public 角色，允许任何人去执行。但是在执行系统存储过程后，将检查用户的角色成员资格。

例 5-64　将某一数据库的 books 表的查询权限授予所有数据库用户。代码如下：

　　　grant select on books to public

由于所有数据库用户都拥有 public 角色，因此将权限授予该角色就等于授予所有数据库用户。

例 5-65　将某一数据库中表 sc 的查询、插入、更新和删除的权限授予用户 user1 和 user2，并且这两个用户还可以将得到的权限再授予其他用户。代码如下：

　　　grant select,insert,update,delete on sc to user1,user2

　　　with grant option

例 5-66　将某一数据库中创建视图和创建函数的权限授予数据库用户 [dfew656\zhan]。代码如下：

　　　grant create view,create function to [dfew656\zhan]

5.3.2　revoke 语句

revoke 语句用于取消用户对某一对象或语句的权限，这些权限是通过 grant 授予的。

1. 对象权限

语法格式如下：

　　　revoke{all[privileges]|permission[,...n]}

　　　on {table|view}[(column[,...n])]

```
from security_account[,...n] [cascade]
```

参数说明：cascade 指定级联回收权限。

2. 语句权限

语法格式如下：

```
revoke{all|statement[,...n]}
from security_account[,...n]
```

例 5-67 将对某一数据库中 sc 表执行删除记录的权限从用户 user1 处级联收回。代码如下：

```
revoke delete on sc from user1 cascade
```

5.3.3 deny 语句

deny 语句用于禁止用户对某一对象或语句的权限。在授予用户权限后，管理员可以根据情况在不回收用户访问权限的情况下，拒绝用户访问数据库对象。

1. 拒绝访问数据库对象权限

语法格式如下：

```
deny{all[privileges]|permission[,...n]}
on {table|view}[(column[,...n])] to security_account[,...n] [with grant option]
```

2. 拒绝执行数据库操作命令权限

语法格式如下：

```
deny{all|statement[,...n]} to security_account[,...n]
```

例 5-68 拒绝用户 user2 对某一数据库的 sc 表的插入和更新记录的权限。代码如下：

```
deny insert,update on sc to user2
```

5.3.4 SSMS 中的管理权限

在 Microsoft SQL Server 中可以实现对对象权限和语句权限的管理。

操作步骤如下：

(1) 在"对象资源管理器"中展开"数据库"节点，在某一数据库文件名或图标上右击鼠标弹出快捷菜单，选择"属性"命令，打开"数据库属性"对话框，在对话框中选择"权限"选项。

展开某一数据库之后，再展开"表"节点，在某一个表上右击鼠标弹出快捷菜单，选择"属性"命令，打开"表属性"对话框，在对话框中选择"权限"选项，如图 5-14 所示。

(2) 单击"搜索"按钮，搜索用户或角色。在"输入要选择的对象名称"中单击"浏览…"按钮，在对象列表中勾选确定要进行权限设置的用户。

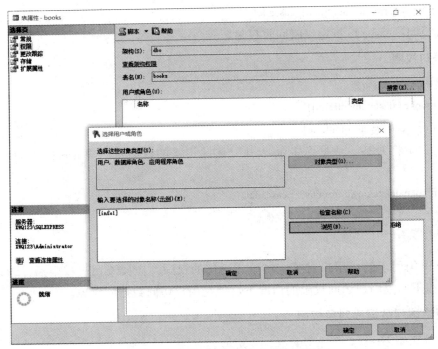

◆ 图 5-14 "数据库属性—权限"对话框

(3) 在用户权限列表中进行权限设置，如图 5-15 所示。

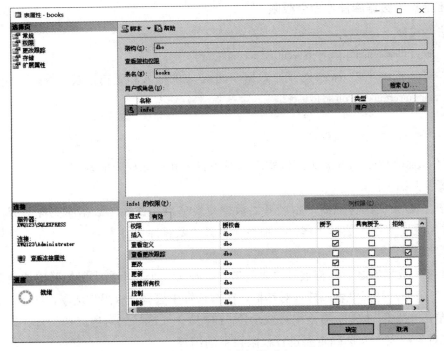

◆ 图 5-15 用户权限列表

习　题

一、填空题

1. select 语句的 with ties 选项只能在使用了_____子句后才能使用。当指定此项时除了返回由 top n[percent] 指定的数据行外，还要返回与 top n[percent] 返回的最后一行记录中由该子句指定的列的_____的数据行。

2. 使用 group by 子句时，只有 group by 后面的字段和_____才能放在 select 子句后面。

3. 连接查询主要包括_____、_____和_____等，其中_____的连接查询结果集中既包含那些满足条件的行，还包含其中某个表的全部行。

二、判断题

1. null 不是一种值，表示一种未知或不确定的状态，它并不表示零、零长度的字符串或空白（字符值）。（　　　）

2. 插入数据时，计算列也需要插入值。（　　　）

3. 使用 update 更新表中数据时，一次只能更新一个字段中的数据。（　　　）

4. 如果 distinct 后面是多个字段名，则是多个字段的组合不重复的记录。（　　　）

5. from 子句指定数据来源的数据表和视图的列表，该列表中的表名和视图名之间用分号分开。（　　　）

6. 在使用 group by 子句时，只有聚合函数和 group by 分组的列才能出现在 select 子句中。（　　　）

三、单选题

1. 在数据库 studscore_ds1 中，将表 student 中 s# 是 2018010103 的学生的 age 加 1，正确的操作是（　　　）。

A. update student set age+=1

B. update student set age=age+1

C. update student set age+=1 where s#='2018010103'

D. update student set age=age+1 where s#='2018010103'

2. 计算机对 select 语句的执行过程，正确的是（　　　）。

A. select → from → where → group by → having → order by

B. select → from → group by → having → where → order by

C. from → where → group by → having → select → order by

D. from → select → where → group by → having → order by

3. 在模式查询条件 (like/not like) 中，通配符 ( ) 代表任何单个字符。

A. %　　　　　　　B. _　　　　　　　C. []　　　　　　　D. [^]

4. 在 select 查询语句中，( ) 子句用于指定分组的条件。

A. into　　　　　　B. where　　　　　C. having　　　D. group by

5. 数据控制语言简称 ( )，用于用户权限的管理。

A. DDL　　　　　　B. DML　　　　　　C. DQL　　　　　　D. DCL

四、多选题

1. 对于向表中插入数据的 insert 命令，正确的说法有 ( )。

A. 必须为表中所有定义 not null 的列提供值。

B. 如果表中存在标识列，则不能向标识列中插入数据。

C. 如果表中有计算列，则不能向计算列中插入值。

D. 如果表中存在外键，则要避免违反参照完整性约束。

2. 子查询中常用到的关键字有 ( )。

A. in　　　　　　　B. exists　　　　　C. any　　　　　D. all

3. 在 SQL Server 中使用 ( ) 命令来管理权限。

A. grant　　　　　B. revoke　　　　C. deny　　　　　D. compute

五、操作题

1. 查询表 student 的 s#(学号)、sname(姓名)、classid(班级编号) 等信息，括号内是中文字段名。要求：使用定义别名的三种方法，写出查询代码。

2. 在表 orderitems、表 books 中，查询书名包含字符串 ASP 的图书的订单号和数量。

3. 在表 student、sc 中，查询出现在两个表中的所有学生的基本信息和成绩信息。

六、实践题

1. 输入"图书管理"一组相关的数据。

(1) 输入 books 表的数据记录，如表 5-5 所示。

表 5-5　books 表

bookid	title	isbn	author	unitprice	categorycode
1	SQL Server 2008	978-7-5121-0059-6	王英	32.00	003
2	HTML5+CSS3	978-7-5635-5232-0	马晓涛	45.00	003
3	职场英语	978-5-3456-3223-1	王然	31.00	002
4	国际贸易实务	978-6-7654-2456-0	彭芳	26.00	002

第6章　视图与索引

　　视图是关系数据库系统为用户提供的从多角度观察分析数据库中数据的一种机制，通过视图可以看到自己感兴趣的信息。而索引的建立为用户快速查找所需信息提供了条件，合理使用索引能极大地提高数据检索的速度，提高数据库的性能。

▶▶ 【思政案例】

健康码和行程码的故事

　　健康码的创始人马晓东出生于宁夏，中国科学技术大学硕士，中国大数据背后的领军人物，自主研发了健康码和行程码，无偿献给国家和人民使用。

　　健康码、行程码和核酸码这一套行云如水的流程，给疫情防控带来了极大的便利和效率。马晓东是在"新冠"疫情防控确保人民生命健康的过程中作出贡献的杰出代表，我们要记住这位年轻的领军人物。

◆ 图 6-1　健康码和行程码

马晓东在大一时就组建了数百人的科技俱乐部，毕业后，他成了阿里巴巴的主要项目负责人，全程参与大数据框架构建，获得多项发明专利。2010 年，云计算并不被看好，很多数据都是国外提供的，一套数据产品几十万元甚至几百万元。对我国的中小企业来说，没有那么多的钱做这些大数据产品，于是马晓东从阿里巴巴辞职，开始了自己的创业之路。创业之路非常艰辛，四个人挤在十来平米的小房间，每天工作长达 18 小时，完成了前期的技术积累。2013 年，马晓东研发出了国人自己的大数据魔镜，摆脱了依赖国外大数据的格局。成功后，他也没有卖掉或转让相关专利，而是选择让国内企业使用，致力于打造一个大数据时代的 Windows，让普通人也能用大数据解决身边的问题。

思考：

当今时代要求大学生具备哪些品质修养？我为社会进步人民幸福作出了什么贡献？

6.1 视　图

6.1.1 视图的概念和作用

1. 视图的概念

视图 (View) 是保存在数据库中从一个或多个表或视图中导出由查询语句定义生成的一个虚拟表。与真正的数据表类似，视图也是由一组命名的列和数据行构成的，其结构和数据是建立在对表或视图查询的基础上。数据库只存储视图的定义，而不存储对应的数据，这些数据仍然存储在导出该视图的数据表中，当基本表中的数据发生变化时，从视图中查询出来的数据也随之改变。

视图由视图名和视图定义两部分组成。例如，涉及学生的课程和成绩等基本信息的数据表有学生信息表 student(s#、sname、age、sex、classid)、课程表 course(c#、cname、credit)、成绩表 sc(s#、c#、score)，可以在这些表的基础上定义一个或多个视图，比如学生选课情况 (s#、sname、c#、cname、credit)、学生学习情况 (s#、sname、c#、score) 等视图，这些视图的数据仍然存储在 student、sc、course 等表中。

2. 视图的使用及注意事项

通过视图来访问数据，而不必直接去访问对应的数据表，实现数据从分散到集中，简化处理，便于共享。对视图的一般操作与对表的操作一样，可以对其进行查询、修改、删除和更新。当对视图中的数据表进行修改时，其对应数据表的数据也会同步发生变化，同时这种变化也自动地反映到视图中。

在创建视图时，应注意以下几点：

(1) 只能在当前数据库中才能创建视图。在定义视图时，select 子句中不能包含compute 或 compute by 子句。在 select 子句中使用了 top 关键字，则可以使用 order by 子句。

(2) 视图的命名必须遵守标识符命名规则，不能与表同名，且对每一个用户视图名必须是唯一的。不能把规则、默认值或触发器与视图相关联。

3. 视图的作用

视图的作用有以下几点：

(1) 视图隐藏了底层的表结构，简化了数据访问操作，客户端不再需要知道底层表的结构及其之间的关系。

(2) 视图提供了一个统一访问数据的接口，即可以允许用户通过视图访问数据的安全机制，而不授予用户直接访问底层表的权限。

(3) 增强了安全性，使用户只能看到视图所显示的数据。

6.1.2 视图的创建、修改及删除

1. 创建视图

1) 使用菜单方式创建视图

例 6-1　使用表 student(s#,sname)、sc(s#,c#,score)、course(c#,cname,credit) 创建视图，显示学号、姓名、课程代码、成绩、课程名和学分等信息。

操作步骤如下：

(1) 在"对象资源管理器"中展开"数据库"节点，展开要创建视图的数据库，再展开"视图"节点，显示当前数据库的所有视图。右击"视图"节点，在弹出的快捷菜单中选择"新建视图"命令。

(2) 在弹出的"添加表"对话框中选择与视图相关联的表、视图或函数，可以按住"Ctrl"键选择相应的多个表。选择完毕后，单击"添加"按钮，然后单击"关闭"按钮，如图 6-2 所示。

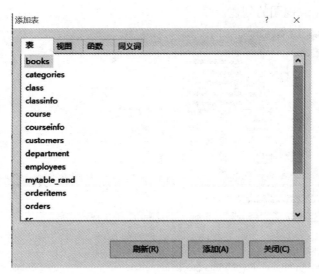

◆ 图 6-2　添加表对话框

(3) 在视图设计器中共有 4 个区：表区、列区、SQL 语句区和查询结果区。在表区中选择创建视图所需要的列，此时 SQL Server 脚本显示在 SQL 区，在列区可以指定别名、排序方式和规则等。

除此之外，在视图设计器的 4 个区中，可以通过右击空白区域，在弹出的快捷菜单中选择有关选项，在弹出的级联菜单中执行相应的操作。

(4) 右击创建视图区域，在弹出的快捷菜单中选择"执行 SQL"命令，或单击工具栏中的"执行"按钮，在最下面的窗口中显示视图对应的结果集，如图 6-3 所示。

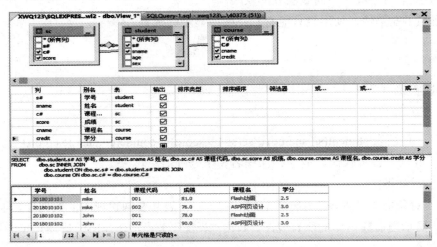

◆ 图 6-3 "创建视图"选项卡

(5) 右击视图选项卡，在弹出的快捷菜单中选择"保存视图"命令 (如图 6-4 所示)，或单击工具栏中的"保存"按钮，在弹出的"选择名称"窗口中输入新的视图的名称，单击"确定"按钮，完成视图的创建。

◆ 图 6-4 "保存视图"快捷菜单

2) 使用代码方式创建视图

使用 create view 语句创建视图，其语法格式如下：

```
create view [schemaname.] view_name[(column[,...n])]
[with<view_attribute>[,...n]]
as
<select_statement>
[with check option]
```

参数说明：

(1) schemaname 是视图在数据库中所属架构的名称，如果没有指定，则视图属于默认架构 dbo。view_name 是新建视图的名称。column 是视图中的列名，如果没有指定，则列名由 select 语句指定。

(2) <view_attribute>={[encryption][,schemabinding][,view_metadata]}，其中：encryption 表示对视图进行加密。SQL Server 为了保护视图的定义，使用 with encryption 子句可以不让用户查看视图的定义文本。schemabinding 表示将视图绑定到底层所应用到的表，在 select 语句中如果包含表、视图或函数，则表名、视图名或函数名前必须有所有者前缀。指定 schemabinding 时，不能以影响视图定义的方式修改表，必须先修改或删除视图定义，以删除要修改的表的依赖关系。view_metadata 表示当使用 with view_metadata 创建视图时，返回的是视图的元数据，否则返回的元数据是视图所引用表的元数据。

(3) as 指定视图要执行的操作。select_statement 是定义视图的 select 语句。

(4) with check option 是附加检查选项，从而保证在对视图执行数据修改后，通过视图仍可看到这些数据，否则修改无效。也就是对视图上的数据的修改都必须符合 select 语句设置的条件。

例 6-2　使用表 student(s#,sname)、sc(s#,c#,score)、course(c#,cname,credit) 创建视图，显示学号、姓名、课程代码、成绩、课程名和学分等信息。代码如下：

```
create view ssc_view
as
select s.s#,sname,sc.c#,score,cname,credit
from student s,sc,course c
where s.s#=sc.s# and sc.c#=c.c#
```

3) 使用别名创建视图

在默认情况下，视图中的列名和查询语句中的列名相同，也可以通过 create view 语句中指定列别名。

例 6-3　使用表 student(s#,sname)、sc(s#,c#,score)、course(c#,cname,credit) 创建视图，并统计学生的平均分、课程门数，并在 create view 语句中指定列的别名。要求视图包括学

号、姓名、平均分和课程门数。代码如下：

```
create view ssc_view2( 学号 , 姓名 , 平均分 , 课程门数 )
as
select s.s#,sname,avg(score),count(*)
from student s,sc,course c
where s.s#=sc.s# and sc.c#=c.c#
group by s.s#,sname
```

结果如图 6-5 所示。

学号	姓名	平均分	课程门数
2018010101	mike	78.500000	2
2018010102	John	84.000000	4
2018010103	jake	73.666666	3
2018010104	make	84.500000	2
2018010105	kuku	61.000000	1
NULL	NULL	NULL	NULL

◆ 图 6-5　使用别名创建视图并显示结果

4) 使用 with check option 子句创建视图

视图的使用隔断了用户与表之间的联系，方便用户理解。为了防止用户错误地插入或修改，在视图定义时需要使用到 with check option 选项。

例 6-4　使用表 student(s#，sname，age，sex，classid)，创建一个只包含 20180102 班的视图。查询视图显示结果如图 6-6 所示。

s#	sname	age	sex	classid
2018010201	张军	22	女	20180102
2018010202	刘辉	21	男	20180102
NULL	NULL	NULL	NULL	NULL

◆ 图 6-6　使用 with check option 子句创建视图并显示结果

代码如下：

```
create view student_2
as
select * from student where classid='20180102'
```

在对视图 student_2 的插入记录操作中插入一条错误记录，如

```
insert student_2 values('2018010203',' 吕梅 ',21,' 女 ', '20180101')
```

操作显示插入成功 (在 student 表插入了一条记录)。但是，这样的插入操作是不正确的。为了防止这种情况的发生，必须在 create view 语句中添加 with check option 选项，强制要求通过视图插入或修改数据时满足视图定义中的 where 条件。上述代码修改为：

```
create view student_2

as

select * from student where classid='20180102'

with check option
```

先删除视图 student_2，再执行上述代码。再次在对视图 student_2 的插入记录操作中插入以下记录：

```
insert student_2 values('2018010203', ' 吕梅 ',21, ' 女 ', '20180101')
```

此次操作后提示"进行的插入或更新失败"。

2. 修改、删除视图

1) 视图的修改

(1) 使用菜单方式修改视图。在"对象资源管理器"中展开"数据库"节点，展开相应的数据库和视图节点，右击视图，选择"设计"菜单，进入视图设计器进行必要的修改，修改完成单击"保存"按钮即可。

(2) 使用代码方式修改视图。使用 alter view 语句可以修改视图。修改视图与删除并重新创建视图是不同的，修改视图会保持视图的权限不变，但删除并重新创建视图则意味着视图的重新定义。

例 6-5　在当前数据库中，修改在例 6-4 中创建的视图 student_2，添加 with encryption 选项。代码如下：

```
alter view student_2

with encryption

as

select * from student where classid='20180102'

with check option
```

2) 视图的删除

视图并不是数据库中必需的数据库对象，对于不需要的视图可以使用 drop view 语句将其删除，删除视图后，其所对应的数据不会受到影响。如果有其他数据库对象使用了该视图，仍可以删除该视图，只是再使用那些数据库对象时，将会发生错误。

(1) 使用代码删除视图。

例 6-6　删除例 6-5 中创建的视图 student_2。代码如下：

```
drop view student_2
```

(2) 使用菜单删除视图。展开数据库和视图节点，在要删除的视图上右击鼠标，在弹出的快捷菜单中选择"删除"命令，单击"确定"按钮即可删除视图。

6.1.3 视图的使用

视图一经创建，就可以当成表来使用。可以在查询中使用单个视图，也可以使用视图和表或者视图与视图关联查询。

例 6-7   使用例 6-3 中创建的视图 ssc_view2，查询平均分大于等于 75 分的学生信息。代码如下：

```
select * from ssc_view2 where 平均分 >=75
```

6.2 索   引

6.2.1 SQL Server 的数据存储

SQL Server 有两种数据存储文件，分别是数据文件和日志文件，其中数据文件是以 8 KB(8192 Byte) 的页面 (Page) 作为存储单元，日志文件是以日志记录作为存储单元。以数据文件为例，从页面类型、数据页面结构、数据页缓存、盘区、数据访问等方面入手，讨论其存储格式与方式。

1. SQL Server 定义的页面类型

SQL Server 定义的页面类型有 8 种，如表 6-1 所示。用户的数据一般存储在数据页面中，在一个数据页面中，要知道数据如何存放，根据什么来定位页面与页面上的数据，就要先了解数据页面的结构。

表 6-1   SQL Server 页面类型

页面类型	内　容
数据	包含数据行除 text、ntext 和 image 外的所有数据
索引	索引项
文本 / 图像	text、ntext 和 image 数据
全局分配映射表、辅助全局分配映射表	有关已分配的扩展区的信息
页的可用空间	有关页上可用空间的信息
索引分配映射表	有关表或索引所使用的扩展盘的信息
大容量更改映射表	有关自上次执行 backup log 语句后大容量操作所修改的扩展盘区的信息
差异更改映射表	有关自上次执行 backup database 语句后更改的扩展盘区的信息

2. 数据页面结构

在数据页面上，数据行紧接着页首按顺序放置，在页尾有一个行偏移表。在行偏移表中，页上的每一行都有一个条目，每个条目记录那一行的第一个字节与页首的距离。页偏移表中的条目序列与页中行的序列相反。

数据页面的结构如图 6-7 所示。数据页面页首 96 个字节保存着页面的系统信息，如页的类型、页的可用空间量、拥有页的对象的 ID 及该页面属于哪个物理文件。数据区则对应于图 6-7 中所有数据行的总区域，存放真正的数据。行偏移数组用于记录该数据页面中每个数据区在数据页面所处的相对位置，便于定位和检索每个数据区在数据页面中的位置，数组中每个记录占两个字节。

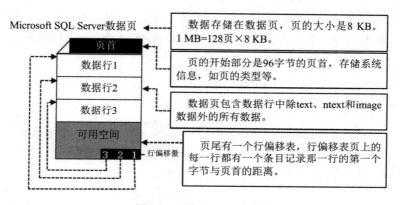

◆ 图 6-7　SQL Server 数据页

3. 数据页缓存

SQL Server 数据库的主要用途是存储和检索数据，因此密集型磁盘 I/O 是数据库引擎的一大特点。由于完成磁盘 I/O 需要消耗许多资源且耗时较长，因此 SQL Server 侧重于提高 I/O 效率。缓冲区管理是实现高效 I/O 的关键环节，一个缓冲区就是一个 8 KB 大小的内存页，其大小与一个数据页或索引页相当，因此缓冲区高速缓存被划分为多个 8 KB 页。缓冲区管理器负责将数据页或索引页从数据库磁盘文件读入缓冲区高速缓存中，并将修改后的页写回磁盘。

4. 盘区

SQL Server 默认的存储分配单位是盘区。为了避免频繁地读写 I/O，在表或其他对象分配存储空间时，不是直接分配一个 8 KB 的页面，而是以一个盘区 (Extent) 为存储分配单位，一个盘区为 8 个页面 (8 × 8 KB = 64 KB)。

SQL Server 定义了两种盘区类型：统一盘区和混合盘区。统一盘区只能存放同一对象，该对象拥有这个盘区的所有页面。混合盘区由多个对象共同拥有该盘区。在为对象分配存储盘区时，为了提高空间利用率，默认情况下，如果一个对象初始大小小于 8 个页面，就尽量放在混合盘区，当该对象大小增加到 8 个页面后，SQL Server 会为这个对象重新分配一个统一盘区。

5. 数据访问

系统访问表中的数据时，可以采用表扫描和索引查找两种方式。如果对数据页上的数据进行访问，一维升序或降序数据序列可以采用两分检索的方法迅速找到需要插入或删除元素的位置。但当采用顺序存储的方式时，插入一个元素，需要将其下面的数据进行后移，反之删除一个元素，需要将其下面的数据进行前移。为避免大量的数据移动，提高插入或删除的工作效率，研究者提出了多种解决方案，其中 B 树是较好的一种方案。

B 树是由一系列节点所构成，它的每一个节点均由 2M 个数据域和 2M+1 个指针域构成，每个节点的数据从左向右升序排列。一般情况下，B 树的每个节点中的数据域不一定存满数据，但基本上每个节点存放的数据个数大于 B 树 M 个，如图 6-8 所示。

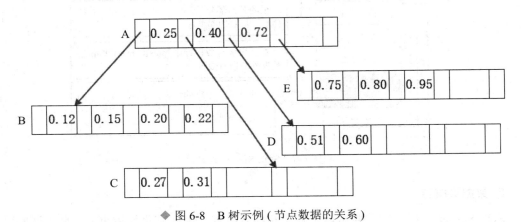

◆ 图 6-8　B 树示例 (节点数据的关系)

B 树中父节点与子节点中的数据之间具有以下关系：父节点中每一数据域中存放的数据，均大于该数据域左侧指针指向的子节点中的所有数据，也小于该数据域右侧指针指向子节点中的所有数据。如图 6-8 所示，为建立一棵 B 树，需要将一个个的数据插入其中。当查询到插入位置，发现该节点已填满数据时，需要进行节点的分割，如图 6-9 所示。

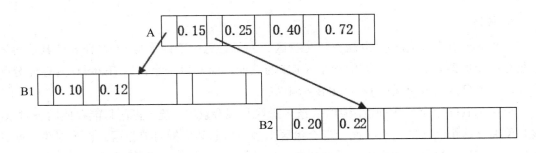

◆ 图 6-9　B 树示例 (节点分割)

　　用户对数据库最频繁的操作是进行数据查询。一般地，查询操作时需要对整个表进行数据搜索，当表中数据很多时，搜索数据需要的时间比较长，这就会造成服务器资源的浪费。为了提高检索的能力，引入了索引机制。

6.2.2　索引及其创建与删除

1. 索引的概念

　　索引 (Index) 是 SQL Server 在列上建立的一种数据库对象。它保存着表中排序的索引列，并记录索引列在表中的物理存储位置，从而实现表中数据的逻辑排序。一张表的存储是由数据页面和索引页面组成的。索引就存放在索引页面上，当进行数据检索时系统先搜索索引页面，从中找到所需数据的指针，再通过指针从数据页面中读取数据。

　　利用索引可以加快数据检索的速度，提升系统的性能。

2. 索引的类型

　　对于索引类型的划分有多种，通常根据索引对表中记录顺序的影响分类，可以分为聚集索引和非聚集索引。此外，还有唯一索引与非唯一索引、单列索引与多列索引等分类。下面主要介绍聚集索引和非聚集索引。

　　1) 聚集索引

　　聚集索引 (Clustered Index) 是指表中的数据记录实际存储的次序与索引中相对应的键值的实际存储次序完全相同的索引。也就是说，聚集索引将对表中的物理数据页中的数据按列进行排序，然后再存储到磁盘上。聚集索引与数据是融为一体的，因此聚集索引查找数据最快。当然，一个表只能有一个聚集索引。比如设置主键，系统自动创建一个聚集索引。

　　2) 非聚集索引

　　非聚集索引 (Nonclustered Index) 是指表中的数据记录实际存储的次序与索引中相对应的键值的实际存储次序不相同的索引。也就是说，表中的数据不是按照索引列排序的，使用索引页存储，比聚集索引占用更多的存储空间，检索效率也较低。一个表中可以同时有聚集索引和非聚集索引，而且一个表可以有多个非聚集索引，但是一个表中最多不超过250 个索引。比如学生信息表中的身份证号码、手机号码、电子邮箱等列可以创建非聚集索引。

　　非聚集索引将行定位器按关键字的值用一定的方法排序，这个顺序与表的行在数据页中的排序是不匹配的，在非聚集索引创建之前创建聚集索引，否则会引发索引重建。

3. 索引的创建与删除

　　索引的创建分为直接方式和间接方式两种。直接方式就是使用命令或工具直接创建索引；间接方式就是在创建其他对象时附带创建了索引，例如在设置主键约束或唯一性约束时，系统将自动创建索引。这里重点介绍直接创建索引的方法。

1) 使用菜单方式创建/修改/删除索引

例 6-8　在 books 表为 bookid 列创建聚集索引，索引名为 Ix_books_bookid。

操作步骤如下：

(1) 在"对象资源管理器"中展开数据库节点和表节点，右击"索引"节点，在弹出的快捷菜单中选择"新建索引"命令，弹出"新建索引"对话框。

(2) 在"新建索引"对话框中进行设置。单击"常规"选项，在"索引名称"框中输入名称，在"索引类型"框中选择"聚集"，单击"添加"按钮，在弹出的"从表 dbo.books 中选择列"对话框中选中 bookid 列前面的复选框，单击"确定"按钮，返回"新建索引"对话框，如图 6-10 所示。

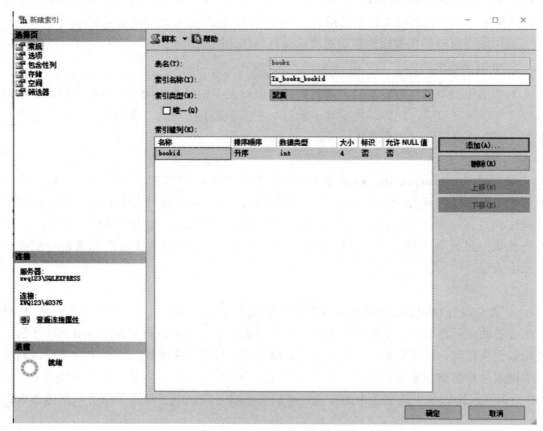

◆ 图 6-10　"新建索引"对话框

(3) 单击"确定"按钮，完成聚集索引的创建。

例 6-9　在表 sc 的 s# 列已创建聚集索引 Ix_sc_s#，要求修改该索引，使索引设置在 s# 和 c# 列上，索引名改为 Ix_sc_s#c#。

操作步骤如下：

(1) 在"对象资源管理器"中展开"数据库"节点和"表"节点，再展开 sc 表节点，展开"索引"节点，右击"Ix_sc_s#(聚集)"，在弹出的快捷菜单中选择"属性"命令，弹出"索引属性"对话框。

(2) 在"索引属性"对话框中进行相应设置。在"常规"选项中单击"添加"按钮，在弹出的"从'dbo.sc'中选择列"对话框中同时选中 s# 列和 c# 列前面的复选框，如图 6-11 所示。单击"确定"按钮，返回"索引属性"对话框。

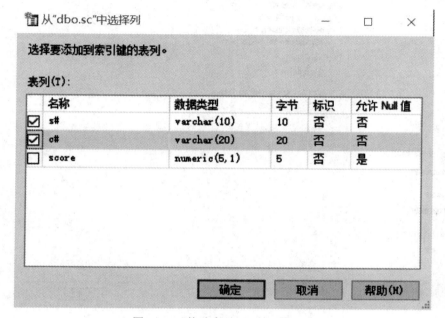

◆ 图 6-11 "修改索引 - 添加列"对话框

(3) 单击"确定"按钮，完成聚集索引的修改。

注意：该聚集索引是直接创建的，如果是设置主键附加的聚集索引，则不能手动删除索引，在修改主键约束的同时重新创建索引。

例 6-10 在表 studinfo 的 email 列上创建一个唯一的非聚集索引，该列的 email 值是不重复的，索引名为 Ix_studinfo_email，该索引建立在文件组 filegroup1 上，该索引的中间节点和叶级节点的填满度均为 60%。

操作步骤如下：

(1) 在"对象资源管理器"中展开"数据库"节点和"表"节点，再展开 studinfo 表节点，右击"索引"节点，在弹出的快捷菜单中选择"新建索引"命令，弹出"新建索引"对话框。在"新建索引"对话框中进行设置。

(2) 单击"常规"选项，在"索引名称"框中输入名称，在"索引类型"框中选择"非聚集"，勾选"唯一"复选框，单击"添加"按钮，在弹出的"从 dbo.studinfo 中选择列"对话框中选中 email 列前面的复选框，单击"确定"按钮，返回"新建索引"对话框。

(3) 单击"选项"选项，勾选"设置填充因子"复选框，在后面的列表框中输入 60，勾选"填充索引"复选框，如图 6-12 所示。

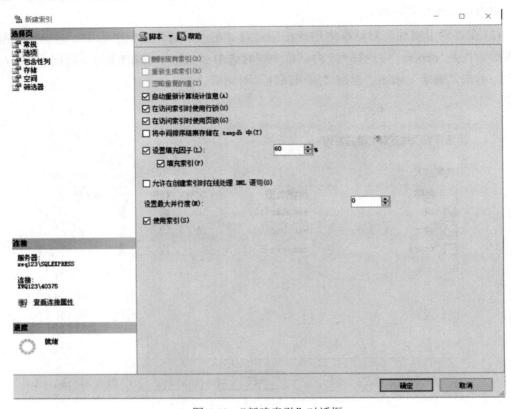

◆ 图 6-12 "新建索引"对话框

(4) 单击"存储"选项，在"文件组"下拉列表中选择"filegroup1"。单击"确定"按钮，完成唯一的非聚集索引的创建。

例 6-11 删除在表 studinfo 的 email 列上创建的非聚集索引，该列的索引名为 Ix_studinfo_email。

操作步骤如下：

(1) 在"对象资源管理器"中展开"数据库"节点和"表"节点，再展开 studinfo 表节点，然后再展开"索引"节点，右击 Ix_studinfo_email 索引节点，在弹出的快捷菜单中选择"删除"命令，弹出"删除索引"对话框。

(2) 单击"确定"按钮，完成索引的删除。

2) 使用代码方式创建 / 重新生成索引 / 删除索引

(1) 索引的创建。使用 create index 命令创建索引，语法格式如下：

```
create [unique][clustered|nonclustered]index indexname
on{tablename|viewname}(column[asc|desc][,...n])
[with(<indexoption>[,...n])][on filegroup]
```

参数说明：

① unique 是指创建唯一索引，clustered 是指创建聚集索引，nonclustered 是指创建非聚集索引。indexname 是索引名称，tablename 是指索引所在的表名称，viewname 是指索引所在的视图的名称。注意：只有使用 schemabinding 定义的视图才能在视图上创建索引，并且在视图上必须创建了唯一聚集索引之后，才能在视图上创建非聚集索引。column 是应用索引的列，可以是一列或多列。asc|desc 是指指定索引列的升序或降序方式，默认值为 asc。

② on filegroup 是指将索引存放在指定的文件组中。

③ <indexoption>={pad_index={on|off}|fillfactor=fillfactor|sort_in_tempdb={on|off}|ignore_dup_key={on|off}|statistics_norecompute={on|off}|drop_existing={on|off}}，其中：indexoption 是索引属性。pad_index 用于指定索引填充，默认值为 off。fillfactor 用于指定填充因子，即索引页叶级的填满程度，即数据占索引页大小的百分比，取值范围为 1 ～ 100。sort_in_tempdb 用于指定是否在 tempdb 中存储临时排序结果，默认值为 off。ignore_dup_key 用于指定对唯一聚集索引或唯一非聚集索引执行多行插入操作时出现重复键值的错误响应，默认值为 off。statistics_norecompute 用于指定是否重新计算分发统计信息，默认值为 off。drop_existing 用于指定应删除并重新生成已命名的先前存在的聚集、非聚集索引或 XML 索引，默认值为 off。

例 6-12　在 books 表为 isbn 列创建一个唯一的非聚集索引，索引名为 ix_books_isbn。代码如下：

```
create unique nonclustered index ix_books_isbn

on books(isbn)
```

例 6-13　在 customers 表中为 customerid 列创建一个聚集索引，该索引的中间结点和叶级结点的填满度均为 60%，并将该索引创建在文件组 filegroup1。代码如下：

```
create clustered index ix_customers_customerid

on customers(customerid)

with (fillfactor=60,pad_index=on)

on filegroup1
```

例 6-14　在 sc 表中，为 s# 和 c# 两列的组合创建聚集索引，索引名为 ix_sc_s#c#，如果已经存在名为 ix_sc_s#c# 的索引，则在创建索引的同时删除已经存在的同名索引。代码如下：

```
create clustered index ix_sc_s#c#

on sc(s#,c#)

with(drop_existing=on)
```

(2) 重新生成索引。重新生成索引将根据指定的或现有的填充因子设置压缩页来删除碎片、回收磁盘空间，然后对连接页中的索引行重新排序。重新生成索引将会删除并重新创建索引。

用 alter index 命令可重新生成索引或禁用索引,语法格式如下:

    alter index{indexname|all}

    on<object>

    {rebuild[with(<rebuildindexoption>[,...n])]

    |disable}

参数说明:

① indexname 是索引的名称,all 是指定与表或视图相关联的所有索引,object 是指重建索引的表的名称。

② rebuild[with(<rebuildindexoption>[,...n])] 是指定将使用相同的列、索引类型、唯一性属性和排序顺序重新生成索引,其中:

    <rebuildindexoption>=

    {pad_index={on|off}

    |fillfactor=fillfactor

    |sort_in_tempdb={on|off}

    |ignore_dup_key={on|off}

    |statistics_norecompute={on|off}}

③ <rebuildindexoption> 和 <indexoption> 的选项的含义相同。

disable 是将索引标记为已禁用,任何索引均可被禁用。

例 6-15 将表 sc 的索引文件 Ix_sc_s# 重新生成。代码如下:

    alter index Ix_sc_s#c# on sc rebuild

例 6-16 将 books 表的所有索引文件重新生成,索引的叶级节点的填满度均设为 70%,在 tempdb 中存储临时排序结果,但不自动重新计算过时的统计信息。代码如下:

    alter index all on books rebuild

    with(fillfactor=70,sort_in_tempdb=on,statistics_norecompute=on)

(3) 删除索引。当不需要某个索引时,可以用 drop index 命令将它从数据库中删除。删除索引可以收回索引所占用的存储空间。不能用 drop index 命令删除由 primary key 约束或 unique 约束创建的索引。

① 使用命令方式删除索引。使用 drop index 命令的语法格式如下:

    drop index <table_name>.<index_name>

参数说明:

table_name 是索引所在的表的名称。index_name 是要删除的索引的名称。

例 6-17 删除 bookds 表中的索引文件 Ix_books_isbn。代码如下:

    drop index books.Ix_books_isbn

② 使用菜单方式重新生成或删除索引。在表中直接创建的索引,可以重新生成或删除。

但是，在删除聚集索引时，表中的所有非聚集索引都将重建。

例 6-18　使用菜单方式重新生成或删除 books 表中的索引文件 Ix_books_isbn。

操作步骤如下：

(1) 在"对象资源管理器"中展开"数据库"节点和"表"节点，再展开 books 表节点，然后再展开"索引"节点，在文件名"Ix_books_isbn..."上右击鼠标，在弹出的快捷菜单中选择"重新生成"或"删除"命令，弹出"重新生成索引"或"删除对象"对话框，如图 6-13 所示。

(2) 单击"确定"按钮，完成重新生成索引或删除索引。

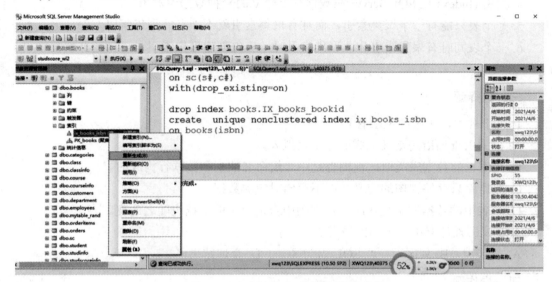

◆ 图 6-13　"重新生成 / 删除"快捷菜单

习　题

一、填空题

1. 使用菜单方式创建视图时，单击"新建视图"命令，弹出＿＿＿＿对话框。

2. 在数据页面上，数据行紧接着＿＿＿＿按顺序放置，在页尾有一个＿＿＿＿偏移表，在数据区则存放真正的＿＿＿＿。

3. SQL Server 默认的存储分配单位是盘区，又分＿＿＿＿和＿＿＿＿，其中＿＿＿＿只能存放同一对象，该对象拥有这个盘区的所有页面。

二、判断题

1. 对视图的一般操作也有查询、修改、删除和更新。(   )

2. 为了防止用户不正确地插入或修改，在视图定义时需要使用到 with check option 选项。(   )

3. 在查询中，可以使用单个视图，也可以使用视图和表或者视图与视图关联查询。(   )

4. 索引 (Index) 是 SQL Server 在数据行上建立的一种数据库对象。(   )

5. 一个表只能有一个聚集索引，而且有聚集索引就不能有非聚集索引。(   )

6. 一个表同时有聚集索引和非聚集索引时，应先创建聚集索引，再创建非聚集索引。(   )

三、选择题

1. 关于视图，正确的说法有 (   )。

A. 视图由查询语句定义生成的一个虚拟表。

B. 与真正的数据表类似，视图也是由一组命名的列和数据行构成的。

C. 数据库只存储视图的定义，而不存储对应的数据。

D. 当表中的数据发生变化时，从视图中查询出来的数据也随之改变。

2. 在视图设计器中显示的区域有 (   )。

A. 表区   B. 列区   C. SQL 语句区   D. 查询结果区

四、操作题

1. 使用表 student(s#,sname)、sc(s#,c#,score)、course(c#,cname,credit) 创建视图，显示学号、姓名、课程代码、成绩、课程名和学分等信息。

要求：补充完整以下代码。

```
create view ssc_view

_____

select s.s#,sname,sc.c#,score,cname,credit

from student s,sc,course c

where s.s#=sc.s# _____ sc.c#= _____
```

2. 使用表 student(s#,sname)、sc(s#,c#,score)、course(c#,cname,credit) 创建视图，并统计学生的平均分、课程门数，并在 create view 语句中指定列的别名。

要求：

(1) 视图包括学号、姓名、平均分和课程门数。

(2) 补充完整以下代码。

create _____ ssc_view2(学号 , 姓名 , 平均分 , 课程门数)

as

select s.s#,sname,avg(score), _____

from student s,sc,course c

where s.s#=sc.s# and sc.c#=c.c#

group by s.s#, _____

五、实践题

1. 使用表 student(s#，sname，age，sex，classid)，创建一个只包含 20180102 班的视图，并添加 check 选项。

2. 在 books 表为 isbn 列创建一个唯一的非聚集索引，索引名为 ix_books_isbn。

第 7 章 Transact-SQL 应用

Transact-SQL 简称 T-SQL，是标准 SQL 语言的增强版。它对 SQL-92 标准进行了几种扩展以增强其性能，为处理大量数据提供必要的结构化处理能力，并作为应用程序与 SQL Server 沟通的主要语言。T-SQL 提供标准 SQL 的数据定义、操作和控制的功能，加上延伸的函数、系统预存程序以及程序设计结构，让程序设计更有弹性。

▶▶ 【思政案例】 ....

铭记功臣，牢记"两弹一星"精神

"两弹"，一个是核弹 (包括原子弹和氢弹)，另一个是导弹。"一星"就是人造卫星。1999 年 9 月 18 日，江泽民同志在表彰为研制"两弹一星"作出突出贡献的科技专家大会上发表讲话，将"两弹一星精神"概括为"热爱祖国、无私奉献，自力更生、艰苦奋斗，大力协同、勇于登攀"24 个字。

20 世纪五六十年代，我国面对严峻的国际形势，为打破核大国的讹诈与垄断，为了世界和平和国家安全，在条件十分艰苦的情况下，党中央高瞻远瞩，果断做出了研制"两弹一星"的战略决策。老一代科学家和广大研制人员发扬"热爱祖国、无私奉献，自力更生、艰苦奋斗，大力协同、勇于登攀"的精神，风餐露宿，顽强拼搏，团结协作，克服了各种难以想象的艰难险阻，突破了一个又一个技术难关，取得了中华民族为之自豪的伟大成就。1964 年 10 月 16 日，原子弹爆炸成功；1966 年 10 月 27 日，"两弹"结合飞行试验成功；1970 年 4 月 24 日，人造卫星发射成功。"两弹一星"精神是中国人民在 20 世纪为中华民族创造的宝贵精神财富，我们要继续发扬光大这一伟大精神，使之成为全国各族人民在现代化建设道路上奋勇开拓的巨大推进力量。

"两弹一星"精神是爱国主义、集体主义、社会主义精神和科学精神活生生的体现。今天，面对世界科技革命的深刻变化和迅猛发展的新形势，有了这种精神，就有了通向成功的动力，我国新一代科技工作者将在继续攀登世界科技高峰的道路上取得更加伟大的成就。

站在新的历史起点上，我们要传承和弘扬"两弹一星"精神，像当年那样，凭着那么一种干劲、那么一种热情、那么一种奋斗精神，不断把中华民族伟大复兴的崇高事业推向前进。

思考：

说出 23 位"两弹一星"老一代科学家的名字，并记住这些名字。

7.1　T-SQL 运算符与表达式

运算符是一种符号，用来指定在一个或多个表达式中执行的操作。SQL Server 2008 R2 的运算符有算术运算符、位运算符、比较运算符、逻辑运算符、字符串连接运算符、赋值运算符等。

1. 算术运算符

算术运算符在两个表达式间执行数学运算，这两个表达式可以是任何数字数据类型。

算术运算符有 +（加）、–（减）、*（乘）、/（除）和 %（求模）5 种运算。+（加）和 –（减）运算符也可用于对 datetime 及 smalldatetime 值进行算术运算。

2. 位运算符

位运算符用于对两个表达式进行的位操作，这两个表达式可为整型或与整型兼容的数据类型。位运算符及其规则如表 7-1 所示。SQL 中的位运算不但可以取出各种值，而且还可以对数据进行排序。

表 7-1　位运算符及规则

运算符	运算符名称	运算规则
&	按位与	两个位均为 1 时，结果为 1，否则为 0
		按位或	只要一个位为 1，结果为 1，否则为 0
^	按位异或	两个位值不同时，结果为 1，否则为 0

以 & 为例，& 是二进制"与"运算，参加运算的两个数的二进制按位进行运算，运算的规律是：0 & 0=0，0 & 1=0，1 & 0=0，1 & 1=1。对于参加运算的数要换算为二进制进行运算，例如，3 & 2 的结果是 2，运算过程是：3 & 2=0111 & 0010=0010=2。

例 7-1　声明两个局部变量并赋值，求它们的位运算。

```
declare @a int ,@b int
select @a=7,@b=4
select @a&@b as 'a&b',@a|@b as 'a|b',@a^@b as 'a^b'
```

显示结果为：4、7、3。

3. 比较运算符

比较运算符用于测试两个表达式的值是否相同，运算结果为"true"或"false"。比较运算符及名称如表 7-2 所示。

表 7-2　比较运算符及名称

运算符	运算名称	运算符	运算名称
=	相等	<=	小于或等于
>	大于	<>、!=	不等于
<	小于	!<	不小于
>=	大于或等于	!>	不大于

4. 逻辑运算符

逻辑运算符用于对某个条件进行测试，运算结果为"true"或"false"，逻辑运算符及规则如表 7-3 所示。

表 7-3　逻辑运算符及规则

运算符	运算规则
and	如果两个操作数都为"true"，则运算结果为"true"
or	如果两个操作数中有一个为"true"，则运算结果为"true"
not	若一个操作值为"true"，则运算结果为"false"，否则为"true"
all	如果两个操作数值都为"true"，则运算结果为"true"
any	如果在一系列操作数中只要有一个为"true"，则运算结果为"true"
between	如果两个操作数在指定的范围内，则运算结果为"true"
exists	如果子查询包含一些行，则运算结果为"true"
in	如果操作数值等于表达式列表中的一个，则运算结果为"true"
like	如果操作数与一种模式相匹配，则运算结果为"true"
some	如果在一系列操作数中有些值为"true"，则运算结果为"true"

5. 字符串连接运算符

字符串连接运算符通过运算符"+"实现两个或多个字符串的连接运算。

例 7-2　执行下面的语句连接多个字符串。运算结果为"abcdefghijk"。

```
select ('ab'+'cdefg'+'hijk') as 字符串连接
```

6. 赋值运算符

在给局部变量赋值的 set 和 select 语句中使用的"="运算符称为赋值运算符。赋值运算符用于将表达式的值赋予另外一个变量，也可以使用赋值运算符在列标题和为列定义值的表达式之间建立关系。

当一个复杂的表达式有多个运算符时，运算符优先级决定执行运算的先后次序，执行的顺序会影响所得到的运算结果。在一个表达式中，括号最优先，其次按先高（优先级数字小）后低（优先级数字大）的顺序进行运算。运算符的优先级如表 7-4 所示。

表 7-4　运算符的优先级

运　算　符	优　先　级
+（正），－（负）	1
*（乘），/（除），%（模）	2
+（加），+（串联），－（减）	3
=, >, <, >=, <=, <>, !=, !>, !<（比较运算符）	4
^（位异或），&（位与），|（位或）	5
not	6
and	7
all, any, between, in, like, or, some	8
=（赋值）	9

7.2　T-SQL 的变量

变量是执行程序中必不可少的部分，主要用来在程序运行过程中存储和传递数据。变量其实就是内存中的一个存储区域，存储在这个区域中的数据就是变量的值，由系统或用户定义并赋值。T-SQL 语句中的变量有两种：局部变量和全局变量。这两种变量在使用方法和具体意义上均不相同。

7.2.1　局部变量

1. 概念及其用途

局部变量是作用域局限在一定范围内的变量，是用户自定义的变量。

一般来说，局部变量的使用范围局限于定义它的批处理内。定义它的批处理中的 SQL 语句可以引用这个局部变量，直到批处理结束，这个局部变量的生命周期也就结束了。局部变量在程序中通常用来存储从表中查询到的数据或在程序执行过程中用于暂存变量。通常将其用于下面 3 种情况：

(1) 作为计数器，计算循环执行的次数或控制循环执行的次数。

(2) 保存数据值以供控制流语句测试。

(3) 保存由存储过程返回代码返回的数据值。

2. 声明及其赋值

1) 声明局部变量

在使用一个局部变量之前，必须先声明该变量。其语法格式如下：

    declare @ 变量名 变量类型 [,...n]

参数说明：

(1) 局部变量名的命名必须遵循 SQL Server 的标识符命名规则，并且必须以字符 "@" 开头。

(2) 局部变量的类型可以是系统数据类型，也可以是用户自定义的数据类型。

(3) declare 语句可以声明一个或多个局部变量，变量被声明以后初值都是 "null"。

2) 局部变量赋值

局部变量被创建之后，系统将其初始值设为 "null"。若要改变局部变量的值，可以使用 set 语句或 select 语句给局部变量重新赋值。

select 语句的语法格式如下：

    select @ 变量名 = 表达式 [,...]

set 语句的语法格式如下：

    set @ 变量名 = 表达式

参数说明：

(1) @ 变量名是准备为其赋值的局部变量。表达式是有效的 SQL Server 表达式，且其类型应与局部变量的数据类型相匹配。

(2) 从语法格式中可以看出，select 语句和 set 语句的区别在于使用 set 语句一次只能给一个变量赋值，而 select 语句可以一次给多个变量赋值。

3. 显示局部变量的值

可以使用 select 或 print 语句显示局部变量的值。其语法格式如下：

    select @ 变量名 [,...n]

    print @ 变量名

两者的区别在于，select 语句以表格方式显示一个或多个变量的值，而 print 语句在消息框中显示一个变量的值。

例 7-3   声明一个长度为 12 个字符的局部变量 s#，并为其赋值。代码如下：

    declare @s# varchar(12)

    select @s#='2018010101'

例 7-4   声明一个局部变量 maxscore，将 sc 表中学号 (s#) 为 2018010101 的最高分赋值给这个变量。代码如下：

    declare @maxscore numeric(6,1)

    select @maxscore=max(score) from sc where s#='2018010101'

例 7-5　显示例 1 和例 2 中定义的局部变量 @s# 和 @maxscore 的值。代码如下：

```
declare @s# varchar(12)
select @s#='2018010101'
declare @maxscore numeric(6,1)
select @maxscore=max(score) from sc where s#='2018010101'
print @s#
print @maxscore
```

选定上述语句，单击"执行"按钮，print 一次只能显示一个变量的值。显示结果如图 7-1 所示。

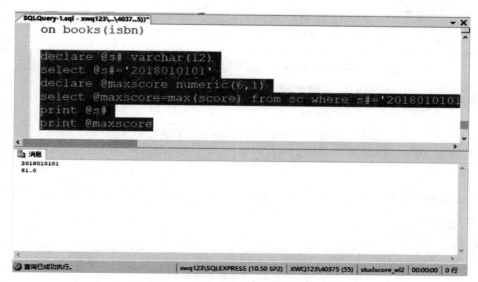

◆ 图 7-1　局部变量的声明、赋值和显示

7.2.2　全局变量

全局变量是以"@@"开头，由系统预先定义并负责维护的变量。也可以把全局变量看成是一种特殊形式的函数。

全局变量不可以由用户随意建立和修改，其作用范围也并不局限于某个程序，而是任何程序均可调用。常用的全局变量有 30 多个，通常用来存储一些 SQL Server 的配置值和效能统计数字，用户可以通过查询全局变量来检测系统的参数值或执行查询命令后的状态值。

在全局变量的使用过程中要注意，全局变量是由 SQL Server 服务器定义的，用户只能使用全局变量，且在引用全局变量时，必须以"@@"开头。另外，局部变量的名称不能与全局变量的名称相同，否则就会在应用程序中出错。表 7-5 列出了 SQL Server 的几个常用全局变量及其含义，其他全局变量可查阅 SQL Server 联机丛书。

表 7-5　几个常见的全局变量

全局变量名称	全局变量的含义
@@version	返回当前安装的日期、版本和处理器类型
@@servername	返回运行 Microsoft SQL Server 的本地服务器名称
@@spid	返回当前用户进程的进程 ID
@@identity	返回最后插入的标识列的列值
@@error	返回执行 Transact-SQL 语句的错误代码
@@procid	返回当前存储过程的 ID 值
@@language	返回当前使用的语言名

例 7-6　执行 select @@servername，返回服务器名称，显示结果如图 7-2 所示。

◆ 图 7-2　服务器名称

执行 select * From Sys.SysServers，返回服务器名称等信息，显示结果如图 7-3 所示。

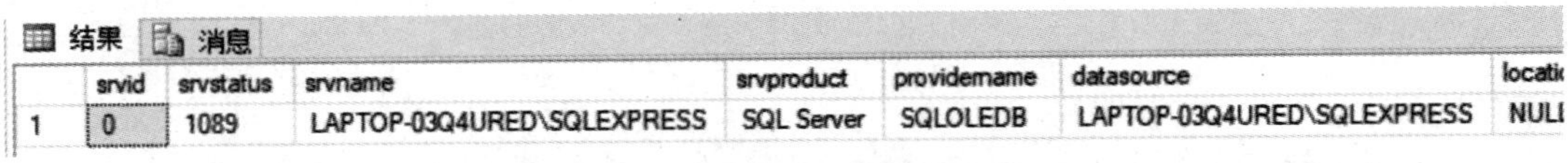

◆ 图 7-3　服务器名称信息

例 7-7　执行 Select @@spid as 'ID',system_user as 'Login Name',user as 'User Name'，返回用户 ID、登录名及用户名信息，如图 7-4 所示。

◆ 图 7-4　用户 ID、登录名及用户名信息

▌ 7.3　程序控制语句

SQL Server 支持结构化的编程方法，结构化编程中程序流程控制的三大结构是顺序结构、选择结构和循环结构。T-SQL 提供了实现这 3 种结构的流程控制语句，使用这些流程控制语句可以控制命令的执行顺序，以便更好地组织程序。

7.3.1　begin…end 语句

begin…end 语句相当于其他语言中的复合语句, 如 C 语言中的 {}。它用于将多条 T-SQL 语句封装为一个整体的语句块, 即将 begin…end 内的所有 T-SQL 语句视为一个单元执行。在实际应用中, begin…end 语句一般与 if…else、while 等语句联用, 当判断条件符合需要执行两个或多个语句时, 就需要使用 begin…end 语句将这些语句封装为一个语句块。begin…end 语句块允许嵌套。

其语法格式如下:

```
begin
{
    SQL 语句块 | 程序块
}
end
```

该语句适用于以下情况: while 循环需要包含多条语句, case 函数的元素需要包含多条语句, if 或 else 子句中需要包含多条语句。

例 7-8　在数据库 studscore_ds1 的职工信息表 employees 中, 查询 001 号员工是否存在, 如果有则删除该员工, 并显示提示信息。代码如下:

```
use studscore_ds1
if exists(select * from employees where empid='001')
  begin
    delete from employees where empid='001'
    print '001 employee is deleted! '
  end
else
  print '001 employee not found! '
```

7.3.2　单条件分支语句

if…else 语句是条件判断语句, 用以实现选择结构。当 if 后的条件成立时就执行其后的 T-SQL 语句, 条件不成立时执行 else 语句后的 T-SQL 语句。其中, else 子句是可选项, 如果没有 else 子句, 当条件不成立时则执行 if 语句后的其他语句。

其语法格式如下:

```
if< 条件表达式 >
{SQL 语句块 | 程序块 }
[else
{SQL 语句块 | 程序块 }
```

```
]
```

语法说明：

① 条件表达式是作为执行和判断条件的布尔表达式，返回"true"或"false"。如果布尔表达式中含有 select 语句，则必须用圆括号将 select 语句括起来。

② 程序块是一条 T-SQL 语句或一个 begin…end 语句块。

③ if…else 语句允许嵌套使用，可以在 if 之后或在 else 的下面嵌套另一个 if 语句。嵌套级数的限制取决于可用内存。

例 7-9　在数据库 studscore_ds1 的学生成绩 sc 表中，查询是否存在考 90 分及以上的学生信息；有则显示结果，无则显示"没有考 90 分及以上的学生"。

代码如下：

```
use  studscore_ds1
if exists(select * from sc where studscore>=90)
    begin
        print ' 有考 90 分及以上的学生 '
        select * from sc where studscore>=90
    end
else
    print ' 没有考 90 分及以上的学生 '
```

7.3.3　多条件分支语句

1. if 多条件分支

if…else if…else 语句用于多条件分支执行。

其语法格式如下：

```
if< 条件表达式 >
{SQL 语句块 | 程序块 }
else if< 条件表达式 >
{SQL 语句块 | 程序块 }
…
else
{SQL 语句块 | 程序块 }
```

例 7-10　在数据库 studscore_ds1 的 sc 表中，使用 if 多条件分支语句判断学生的成绩等级，并显示该学生的等级。代码如下：

```
use studscore_ds1
declare @avgsc numeric(5,1),@scorelevel varchar(10)
select @avgsc=(select avg(score) from sc where s#='2018010101')
```

```
if @avgsc>=90
    set @scorelevel=' 优秀 '
  else if @avgsc>=80
      set @scorelevel=' 良好 '
    else if @avgsc>=70
        set @scorelevel=' 中等 '
      else if @avgsc>=60
          set @scorelevel=' 及格 '
        else
          set @scorelevel=' 不及格 '
  print @scorelevel
```

2. case 多条件分支

case 语句和 if…else 语句一样，用来实现选择结构，case 语句避免了多重嵌套，更加简洁清晰。T-SQL 中的 case 语句可分为简单 case 语句和搜索 case 语句两种。

1) 简单 case 语句

其语法格式如下：

```
case < 运算式 >
    when< 运算式 >then< 运算式 >
     ...
    when< 运算式 >then< 运算式 >
    [else< 运算式 >]
end
```

参数说明：

① case 后的表达式用于和 when 后的表达式逐个进行比较，两者的数据类型必须是相同的，或者是可以进行隐式转换的。

② then 后面给出当 case 后的表达式与 when 后的表达式相等时，要返回的结果表达式。

简单 case 语句的执行过程是：首先计算 case 后面表达式的值，然后按指定顺序对每个 when 子句后的表达式进行比较。当遇到与 case 后表达式值相等的，则执行对应的 then 后的结果表达式，并退出 case 结构；若 case 后的表达式值与所有 when 后的表达式均不相等，则返回 else 后的结果表达式；若 case 后的表达式值与所有 when 后的表达式均不相等，且 "else 结果表达式" 部分被省略，则返回 "null" 值。

例 7-11　产生一个 0 ～ 1 之间的随机数，然后使用简单 case 语句给出变量的值，并显示结果。代码如下：

```
declare @a int,@answer char(10)
set @a=cast(rand()*10 as int)
```

```
print @a
set @answer=case @a
    when 1 then 'A'
    when 2 then 'B'
    when 3 then 'C'
    when 4 then 'D'
    when 5 then 'E'
    else 'others'
end
print 'the answer is'+@answer
```

2) 搜索 case 语句

其语法格式如下：

```
case
    when< 条件表达式 >then< 运算式 >
        ...
    when< 条件表达式 >then< 运算式 >
    [else< 运算式 >]
end
```

参数说明：case 后面没有表达式。when 后面的条件表达式是作为执行和判断条件的布尔表达式。

搜索 case 语句的执行过程是：首先测试 when 条件表达式，若为真，则执行 then 后面的结果表达式，否则进行下一个条件表达式的测试；若所有 when 后面的条件表达式都为假，则执行 else 后面的结果表达式；若所有 when 后面的条件表达式都为假，且"else 结果表达式"部分被省略，则返回"null"。

例 7-12　在表 employees 中，计算平均工资，然后分析判断员工工资的总体情况。代码如下：

```
declare @avgsalary float，@salarylevel nchar(50)
select @avgsalary=(select avg(salary) from employees)
set @salarylevel=case
    when @avgsalary>=15000 then ' 偏高收入！'
    when @avgsalary>=8500 then ' 高收入！'
    when @avgsalary>=3500 then ' 中等收入！'
    when @avgsalary>=1500 then ' 大于最低标准！'
else ' 无保障收入 '
end
```

```
select @salarylevel
```

7.3.4　循环语句

while 语句用于实现循环结构，其功能是在满足循环条件的情况下，重复执行 T-SQL 语句或语句块。当 while 后面的条件为真时，就重复执行 begin…end 之间的语句块。while 语句块中的 continue 和 break 是可选项。若有 continue 语句，则其功能是跳过 continue 后的语句，执行下一次循环条件测试。若遇到 break 语句，则其功能是立即终止循环，结束整个 while 语句的执行，并继续执行 while 语句后的其他语句。

其语法格式如下：

```
while 条件表达式
begin
程序块
[break]
程序块
[continue]
程序块
end
```

参数说明：条件表达式是作为执行和判断的布尔表达式，返回"true"或"false"。如果布尔表达式中含有 select 语句，则必须用圆括号将 select 语句括起来。程序块是一条 T-SQL 语句或一个 begin…end 语句块。

例 7-13　进行 T-SQL 编程，输出 1 ～ 100 之间能被 7 整除的数，并且最后输出总个数。代码如下：

```
declare @i int,@n int
select @i=1,@n=0
print '1-100 能被 7 整除的数：'
while @i<=100
    begin
        if(@i%7)=0
        begin
        print convert(char(3),@i)     --convert() 转换函数，转换为字符
        set @n=@n+1
        end
        set @i=@i+1
    end
print '1-100 能被 7 整除的数共计 '+convert(char(3),@n)+ ' 个 '
```

例 7-14 使用 while 循环语句，计算 s=1!+2!+3!+4!+5!。代码如下：

```
declare @i int,@j int,@s int
set @i=1
set @j=1
set @s=0
while @i<=5
begin
set @j=@j*@i
set @s=@s+@j
set @i=@i+1
end
print 's=1!+2!+3!+4!+5!= '+convert(char(5),@s)
```

例 7-15 使用 while 循环语句，计算出 1 ～ 10 之间偶数的平方和，并输出结果。代码如下：

```
declare @i int, @sum int
select @i=1, @sum=0
while @i<=10
    begin
    if @i&1=0            -- 使用 & 运算符
    begin
     set @sum=@sum+@i*@i
    end
    set @i=@i+1
    end
print @sum
```

7.3.5 goto 语句

goto 语句是转向语句，让程序跳转到一个指定的标签处并执行其后的代码。goto 语句和标签可以在程序、批处理和语句块中的任意位置使用，也可以嵌套使用。

其语法格式如下：

```
定义标签 label:
改变执行 goto label
```

参数说明：若有 goto 语句指向 label 标签，则其为处理的起点。标签必须符合标识符规则。

例 7-16 结合使用 T-SQL 编程的 goto 语句求 10！，并显示计算结果。代码如下：

```
declare @s int,@times int
select @s=1,@times=1
label1:                    -- 定义语句标号
    set @s=@s*@times
    set @times=@times+1
    if @times<=10
        goto label1
print '10!= '+str(@s)
```

7.3.6　return 语句

return 语句用于结束当前程序的执行，无条件地终止一个查询、存储过程或批处理，返回到上一个调用它的程序或其他程序；在括号内可指定一个返回值。

其语法格式如下：

```
return [integer_expression]
```

参数说明：integer_expression 为返回的整型值。存储过程可以给调用过程或应用程序返回整型值。

例 7-17　创建一个存储过程，通过 return 语句返回一个值，用于判断员工表 employees 是否存在该员工。代码如下：

```
create procedure check_employee(@empid varchar(50))
as
if exists(select * from employees where empid=@empid)
    return 1
else
    return -100
```

该题目中，找到该员工则返回"1"，否则返回"-100"。

7.3.7　waitfor 语句

waitfor 语句用于在达到指定时间或时间间隔之前阻止执行批处理、存储过程或事务，直到所设定的时间已到或等待了指定的时间间隔之后才继续往下运行。

其语法格式如下：

```
waitfor delay 等待时间 |time 完成时间
```

参数说明：

(1) "delay 等待时间"是指定可以继续执行批处理、存储过程或事务之前必须经过的指定时间段，最长可为 24 小时。可使用 datetime 数据可接受的格式之一指定"等待时间"，也可以将其指定为局部时间，但不能指定日期，因此不允许指定 datetime 值的日期部分。

(2)"time 完成时间"是指定运行批处理、存储过程或事务的具体时刻。可以使用 datetime 数据可以接受的格式之一指定"完成时间"，也可以将其指定为局部变量，但不能指定日期，因此不允许指定 datetime 值的日期部分。

例 7-18　在 10 点盘点，从 sales 表中查询当前的销售情况。这里的时间是服务器时间，而不是客户端时间。代码如下：

```
begin
    waitfor time '10:00:00'
    select * from sales
end
```

7.3.8　注释语句

在 T-SQL 中可以使用两类注释符。ANSI 标准的注释符"--"用于单行注释，/**/ 用于多行注释。

1. 单行注释

其语法格式如下：

```
--text_of_comment
```

参数说明：两个连字符 (--) 是 SQL-92 标准的注释指示符。text_of_comment 为包含注释文本的字符串。

2. 多行注释

其语法格式如下：

```
/*text_of_comment*/
```

参数说明：text_of_comment 为包含注释文本的字符串。

7.3.9　使用脚本和批处理

1. 脚本

脚本是存储在文件中的一系列 SQL 语句，即一系列按顺序提交的批处理。使用脚本可以将创建和维护数据库时的操作步骤保存为一个磁盘文件，文件的扩展名为 .sql。

将 T-SQL 语句保存为脚本，可以建立起可再用的模块化代码，还可以在不同的计算机之间传送 T-SQL 语句，使两台计算机执行同样的操作。

2. 批处理

批处理是包含一个或多个 T-SQL 语句的组，从应用程序一次性地发送到 Microsoft SQL Server 执行。SQL Server 将批处理语句编译成一个可执行单元，此单元称为执行计划。

编译错误（如语法错误）使执行计划无法编译，从而导致批处理中的任何语句均无法执行。

运行时错误（如算术溢出或违反约束）会产生以下两种影响之一：

(1) 大多数运行时错误将停止执行批处理中当前语句和它之后的语句。

(2) 少数运行时错误（如违反约束）仅停止执行当前语句，而继续执行批处理中其他所有语句。

在书写批处理语句时，需要使用 go 语句作为批处理命令的结束标志。

例 7-19　go 示例。代码如下：

```
use studscore_ds1
go                 -- 第一个批处理打开数据库的操作
select * from books
go                 -- 第二个批处理查询 books 表中的数据
```

▌ 7.4　自定义函数

用户可以根据自己的需要自定义函数。用户自定义函数不能用于执行一系列改变数据库状态的操作，但可以像系统函数那样在查询或存储过程等程序段中使用，也可以像存储过程一样通过 execute 命令来执行。用户自定义函数中存储了一个 T-SQL 例程，可以返回一定的值。

在 SQL Server 中根据函数返回值形式的不同将用户自定义函数分为以下类型：

(1) 标量函数 (Scalar Function)：返回单一的数据值。

(2) 返回数据集 (Rowset) 的用户自定义函数：返回一个 table 类型的数据集，依定义语法不同分为两类：行数据集函数和多语句数据集函数。

7.4.1　创建自定义函数

标量函数返回单一的数据值，其类型可以是除了 text、ntext、image、cursor、rowversion (timestamp) 之外的所有类型。

创建标量函数的语法格式如下：

```
create function [owner_name.]function_name
([{@parameter_name[as]scalar_parameter_data_type[=default]}[,...n]])
returns scalar_return_data_type
[with <function_option>[[,]...n]]
[as]
begin
function_body
return scalar_expression
```

end

参数说明：

(1) @parameter_name[as]scalar_parameter_data_type[=default] 表示函数的参数，可有 0 个或多个 (最多 1024 个参数)，而参数的名称前要加上"@"。参数行必须用小括号括起来，即使没有参数，小括号也不可省略。可以用"="来为参数指定默认值，如 create function myfunct(@a char(10),@b int=200)。参数的类型必须是标量类型。

(2) returns scalar_return_data_type 用于声明返回值的类型，可以是所有标量类型。

(3) with <function_option>[[,]...n] 用于设置函数的选项。指定 encryption 时表示函数的内容加密，函数建立之后即无法查看其程序内容。若指定 schemabinding(结构绑定) 选项，则可限制在函数中所使用到的各数据库对象。

(4) function_body，就是函数的程序内容，可以有一行到多行语句。

(5) return scalar_expression，用来结束函数的执行，并将 scalar_expression 表达式的值返回。在函数中可以出现多个 return 语句，但函数的最后一个语句必须是 return 语句。

例 7-20　创建一个计算阶乘的函数。代码如下：

```
create function get_jiecheng(@n int)
returns int
as
begin
declare @i int,@j int
set @i=1
set @j=1
while @i<=@n
begin
set @j=@j*@i
set @i=@i+1
end
return @j
end
```

7.4.2　调用自定义函数

调用用户自定义函数和调用内置函数的方式基本相同。当调用标量值函数时，必须加上"所有者"，通常是 dbo。可以在"可编程性"→"函数"→"标量值函数"中查看所有者。

例 7-21　调用阶乘函数。代码如下：

```
select dbo.get_jiecheng(5)
```

7.4.3 删除用户自定义函数

删除用户自定义函数的语法格式如下：

```
drop function function_name
```

习　　题

一、填空题

1. 在使用一个局部变量之前，必须先声明该变量。其格式为：_____ @ 变量名 _____ [,...n]。

2. 在 while 循环中，若有_____语句，则其功能是跳过它之后的语句，执行下一次循环条件测试。若遇到_____语句，则其功能是立即终止循环，结束整个 while 语句的执行，并继续执行 while 语句后的其他语句。

3. 脚本是存储在文件中的一系列 SQL 语句，可以将创建和维护数据库时的操作步骤保存为一个磁盘文件，文件的扩展名为_____。

4. 用户可以根据自己的需要自定义函数，可以像系统函数那样在_____或_____等程序段中使用，也可以像存储过程一样通过_____命令来执行。

二、判断题

1. 逻辑运算符 "and" 的运算规则是如果左右两边的操作数都为 "true"，运算结果为 "true"。（　　　）

2. 变量其实就是内存中的一个存储区域，存储在这个区域中的数据就是变量的值。（　　　）

3. set 语句可以一次给多个变量赋值。（　　　）

三、选择题

1. 算术运算符有（　　　）。

A. +　　　　　　　B. +=　　　　　　C. %　　　　　　D. *

2. T-SQL 中的比较运算符，表示 "不等于" 的符号是（　　　）。

A. <>　　　　　　B. ≤　　　　　　C. !=　　　　　　D. ≠

3. 可以使用（　　　）语句显示局部变量的值。

A. select　　　　　B. print　　　　　C. display　　　　D. input

四、实践题

1. 写出 T-SQL 语句，返回用户 ID、登录名及用户名信息。

2. 在数据库 studscore_ds1 的学生成绩 sc 表中，查询是否存在考 90 分及以上的学生信息；有则显示结果，无则显示没有考 90 分及以上的学生。

3. 使用 rand() 函数产生一个 0 ~ 1 之间的随机数，然后使用简单 case 语句给出变量的值，并显示对应的结果，如 A、B、C、D、E、other 等值。

4. 在 10 点盘点，从表 sales 中查询当前销售情况。

第 8 章　存储过程、触发器和游标

存储过程是存储在数据库中的一个封装的模块或例程，能够完成特定的操作任务，其特点是可重复执行。触发器是一种特殊的存储过程，对表的操作可以自动触发；而游标好比一个"容器"，可以对结果集进行操作，主要用于存储过程或触发器中。

 【思政案例】 ....

任正非与华为的崛起

1944 年，任正非出生于贵州安顺地区镇宁县一个贫困山区的小村庄，靠近黄果树瀑布。任正非的父亲是乡村中学教师，家中还有兄妹 6 人，他中小学就读于贵州边远山区的少数民族县城。知识分子的家庭背景是任正非一生第一个决定性因素，因为父母对知识的重视和追求，所以即使在三年困难时期，任正非的父母仍然坚持让孩子读书。

1963 年，任正非就读于重庆建筑工程学院（现已并入重庆大学），他自学了电子计算机、数字技术、自动控制等专业技术，还把樊映川的高等数学习题集从头到尾做了两遍，接着学习了逻辑、哲学，还自学了三门外语。

1987 年，因工作不顺利，任正非转而集资 21 000 元人民币创立了华为公司。创立初期，华为靠代理香港某公司的程控交换机获得了第一桶金。1992 年任正非孤注一掷投入 C&C08 机的研发。1993 年年末，C&C08 交换机终于研发成功，其价格比国外同类产品低三分之二，为华为占领了一定的市场。

1991 年 9 月，华为租下了深圳宝安县蚝业村工业大厦三楼作为研制程控交换机的场所，五十多名年轻员工跟随任正非来到这栋破旧的厂房中，开始了他们充满艰险和未知的创业之路。他们把整层楼分隔为单板、电源、总测和准备四个工段，外加库房和厨房。员工在高温下挥汗如雨、夜以继日地工作，设计制作电路板、话务台，焊接电路板，编写软件，调试、修改、再调试。在这样的情况下，任正非几乎每天都到现场检查生产及开发进度，开会研究面临的困难，分工协调解决各种各样的问题。遇到吃饭时间，任正非和公司领导就在大排档同大家聚餐，由其中职位最高的人自掏腰包请大家吃饭。后来，华为公司总部搬到了深圳龙岗坂田华为工业园，华为熬过了创业的艰苦岁月。

任正非还创立了华为的 CEO 轮值制度，每人轮值半年。此举可避免公司成败系于一人，亦可避免"一朝天子一朝臣"。2011 年 12 月，任正非在华为内部论坛发表了《一江春水向东流》这篇文章，透露了华为的人人股份制。任正非透露，设计这个制度受了父母不自私、节俭、忍耐与慈爱的影响。

任正非 43 岁才开始创业，不惑之年始见春，一手把公司变成了震惊世界的科技王国，同时创立了中国企业的企业治理大法。在判断企业市场时又极具预见性，在企业繁花似锦的时候却说这很可能是企业的寒冬。

思考：

1. 试口述任正非的创业经历。

2. 创业靠什么？

8.1 存 储 过 程

8.1.1 存储过程的概念和分类

1. 存储过程的概念

存储过程 (Stored Procedure) 是一组预先编译好的存储在服务器上的完成特定功能并且可以接受和返回用户提供的参数的 Tansact-SQL 语句的集合。

存储过程是为了完成某一特定功能而编写的。在数据库中，存储过程可以提高程序运行的效率和可复用性。换句话说，存储过程是将常用的或很复杂的工作预先以 SQL 程序的形式编写好，并指定一个程序名称保存起来。存储过程中可以包含变量声明、数据存取语句、流程控制语句、错误处理语句等，在使用上非常灵活。要使用相应的功能，只需要调用该存储过程即可自动完成该项工作。

2. 存储过程的分类

存储过程可以大大提高执行效率，增加复用性，减轻网络负担，安全性也高。如果要修改存储过程，就要进入数据库中进行修改。

1) 系统存储过程

系统存储过程 (System Stored Procedure) 以 sp_ 开头，如 sys.sp_addgroup(在当前数据库中创建一个组)。此类存储过程是 SQL Server 内置的存储过程，通常用来进行系统的各项设置、读取信息或执行相关管理工作。比如 sp_addserver，其功能是定义远程服务器或本地 SQL Server 的名称。

例 8-1　查看 sc 表的约束。结果如图 8-1 所示。代码如下：

```
exec sp_helpconstraint sc
```

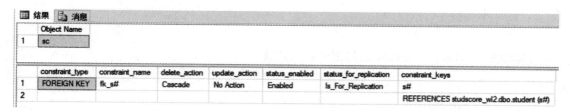

	constraint_type	constraint_name	delete_action	update_action	status_enabled	status_for_replication	constraint_keys
1	FOREIGN KEY	fk_s#	Cascade	No Action	Enabled	Is_For_Replication	s#
2							REFERENCES studscore_wl2.dbo.student (s#)

◆ 图 8-1　系统存储过程

2) 扩展存储过程

扩展存储过程 (Extended Stored Procedure) 通常以 xp_ 开头，如 xp_logininfo(授予登录权限的 Windows 组和用户信息)。此类存储过程大多是用其他编程语言如 C++ 编写而成的，其内容并不是保存在 SQL Server 中，而是以 DLL 的形式单独存在的。

例 8-2　执行以下存储过程将返回所有的 account name、type 和 privilege 等信息。代码如下：

```
exec xp_logininfo;
```

例 8-3　查看有关 D:\sq 文件夹的文件信息。显示结果如图 8-2 所示。代码如下：

```
exec xp_cmdshell 'dir D:\sq\';
```

	output
1	驱动器 D 中的卷是 Data
2	卷的序列号是 088F-F3C0
3	NULL
4	d:\sq 的目录
5	NULL
6	2021/04/06　16:21　<DIR>　　.
7	2021/04/06　16:21　<DIR>　　..
8	2020/09/29　17:49　　　569 SQLQuery17.sql
9	2021/03/27　16:01　5,242,880 studscoe_wl1...
10	2021/04/06　16:21　2,392,576 studscore_19d...
11	2021/03/23　17:41　5,242,880 studscore_19d...
12	2021/03/15　10:44　3,145,728 studscore_19d...

◆ 图 8-2　扩展存储过程

扩展存储过程是 SQL Server 实例可以动态加载和运行的 DLL，可直接在 SQL Server 实例的地址空间中运行，可能会产生内存溢漏或其他降低服务器的性能及可靠性的问题。

3) 用户自定义存储过程

用户自定义存储过程 (User-Defined Stored Procedure) 是由用户设计的存储过程。其名称可以是任意组合 SQL Server 命令规则的字符组合，通常以 "usp_" 开头，避免以 "sp_" 或 "xp_" 开头，以免造成混淆。自定义的存储过程会被添加到所属数据库的存储过程中，并以对象的形式保存。

8.1.2 创建存储过程

1. 使用 create procedure 语句创建存储过程

1) 语法格式

```
create proc[edure] procedure_name[;number]
[{@parameter data_type}[varying][=default][output]][,...n]
[with {recompile|encryption|recompile,encryption}]        --with 选项
[for replication]                                         --for 选项
as sql_statement[...n]
```

参数说明：

(1) procedure_name 是要创建的存储过程的名称，它后面跟一个可选项 number，是一个整数，用来区别一组同名的存储过程，如 proc1、proc2 等。存储过程的命名必须符合命名规则，在一个数据库中或对其所有者而言，存储过程的名字必须唯一。

(2) @parameter 用来声明存储过程的形式参数。在 create procedure 语句中，可以声明一个或多个参数。当调用该存储过程时，用户必须给出所有的参数值，除非定义了参数的缺省值。若参数的形式以 @parameter=value 出现，则参数的次序可以不同，否则用户给出的参数值必须与参数列表中参数的顺序保持一致。若某一参数以 @parameter=value 形式给出，那么其他参数也必须以该形式给出。一个存储过程至多有 1024 个参数。

(3) data_type 是参数的数据类型。在存储过程中，所有的数据类型包括 text 和 image 都可作为参数。但是，游标 cursor 数据类型只能被用作 output 参数。当定义游标数据类型时，必须对 varying 和 output 关键字进行定义。对于游标型数据类型的 output 参数而言，参数个数的最大数目没有限制。

(4) varying 指定由 output 参数支持的结果集，仅应用于游标型参数。

(5) default 指定参数的缺省值。如果定义了缺省值，那么即使不给出参数值，则该存储过程仍能被调用。缺省值必须是常数或空值。

(6) output 表明该参数是一个返回参数。用 output 参数可以向调用者返回信息。text 类型参数不能用作 output 参数。

(7) recompile 指明 SQL Server 并不保存该存储过程的执行计划，该存储过程每执行一次都要重新编译。

(8) encryption 表明 SQL Server 加密了 syscomments 表，该表的 text 字段是包含有 create procedure 语句的存储过程文本，使用该关键字无法通过查看 syscomments 表来查看存储过程内容。

(9) for replication 表明仅当进行数据复制时过滤存储过程才被执行。for replication 与 with recompile 选项是互不兼容的。

(10) as 指明该存储过程将要执行的动作。sql_statement 是包含在存储过程中的任何数

量和类型的 SQL 语句。一个存储过程的大小最大值为 128 MB。用户定义的存储过程必须创建在当前数据库中。

　　2) 存储过程的返回值

　　(1) 返回状态值 (整数)。使用 return 语句，–99 ～ 0 为系统保留，存储过程成功执行时系统返回"0"，用户可以返回 –99 ～ 0 之外的整数值来反映存储过程的运行状态。

　　(2) 返回参数值。使用 output 参数，执行存储过程时可以将值返回给 execute 语句中指定的变量。

2. 使用 SSMS 创建存储过程

操作步骤如下：

(1) 在"对象资源管理器"中展开"数据库"节点，展开要创建存储过程的数据库。

(2) 展开"可编程性"节点，选择"存储过程"选项，右击鼠标弹出快捷菜单，选择"新建存储过程"命令，打开创建存储过程对话框，如图 8-3 所示。

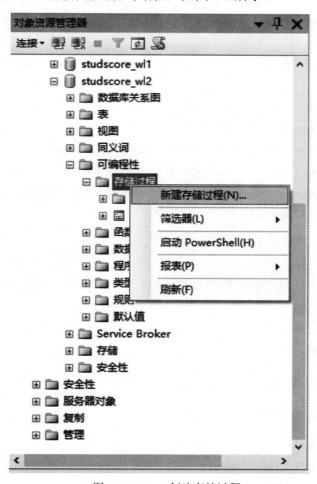

◆ 图 8-3　SSMS 创建存储过程

(3) 在右侧查询编辑器中出现存储过程的模板，显示了 create procedure 语句的框架，可以修改要创建的存储过程的名称，然后加入存储过程所包含的 T-SQL 语句即完成创建，如图 8-4 所示。

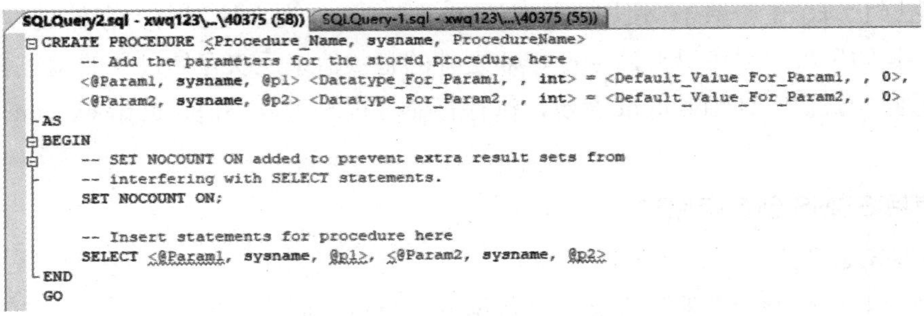

◆ 图 8-4　定义存储过程模板

例 8-4　设有职工表 employees(empid,name,salary,dpid) 和部门表 department(dpid,dpname,telephone,fax,manager)，要求：定义存储过程，根据输入的部门名称，返回该部门的员工的人数及平均工资。代码如下：

```
create procedure samp(@departname varchar(50),@num int output,@avgsalary float output)
as
declare @a int              -- 员工人数
declare @b float            -- 平均工资
if not exists(select * from department where dpname=@departname)
return -100                 -- 返回 -100 表示部门类型不存在
select @a=(select count(*) from employees,department where employees.dpid=department.dpid and
department.dpname=@departname)
if @a=0                     -- 该部门不存在员工
return -101
select @b=(select avg(employees.salary) from employees,department where employees.
dpid=department.dpid and department.dpname=@departname)
set @num=@a
set @avgsalary=@b
```

8.1.3　调用或执行存储过程

1. 使用 execute 语句在查询编辑器中调用

其语法格式如下：

```
exec[ute] [@return_status=]{procedure_name[;number]|@procedure_name_var}
[[@parameter=]{value|@variable[output]|[default][,...n]}]
```

[with recompile]

参数说明：与 create procedure 的参数相同。

例 8-5　调用例 8-4 中定义的存储过程 samp，根据输入的部门名称，返回该部门的员工的人数及平均工资。代码如下：

```
declare @num int

declare @avgsalary float

declare @returnstat int

exec @returnstat=samp ' 办公室 ',@num output,@avgsalary output

if @returnstat=-100

  print ' 部门不存在！'

else

  iF @returnstat=-101

    print ' 员工数为 0! '

  else

    print ' 员工数＝ '+convert(varchar(20),@Num)

    print ' 平均工资＝ '+convert(varchar(20),@Avgsalary)
```

执行结果如图 8-5 所示。

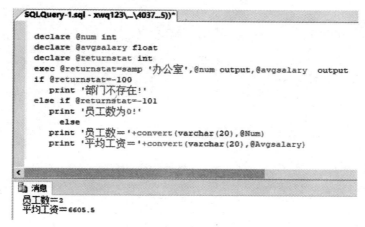

◆ 图 8-5　存储过程执行结果

2. 在 SSMS 中执行存储过程

操作步骤如下：

(1) 在"对象资源管理器"中展开"数据库"节点，再展开要执行存储过程的数据库。

(2) 展开"可编程性"节点，再展开"存储过程"选项，在用户定义的存储过程 samp 上右击鼠标弹出快捷菜单，选择"执行存储过程"命令，打开"执行过程"对话框，如图 8-6 所示。

数据库 SQL Server/SQLite 教程

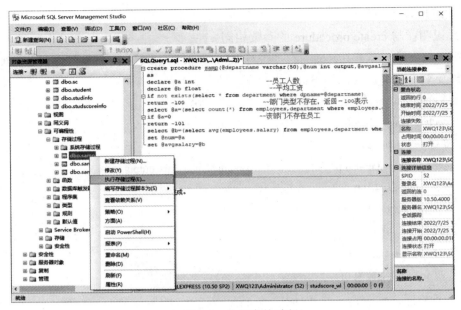

◆ 图 8-6 执行存储过程

(3) 在"执行过程"对话框输出参数为否的行后面的"值"处输入部门名称"办公室"，如图 8-7 所示。然后单击"确定"按钮，显示执行结果。

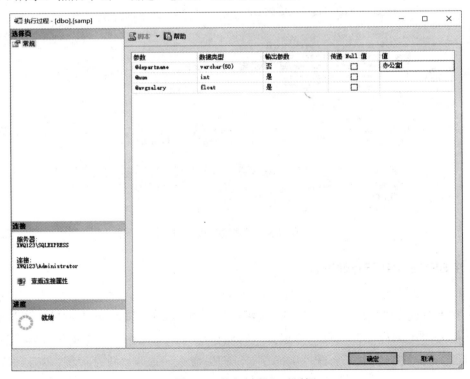

◆ 图 8-7 "执行过程"对话框

8.2　触　发　器

8.2.1　触发器的概念和分类

1. 触发器的概念

触发器 (Trigger) 是针对某个表或视图所编写的特殊类型的存储过程，不能被直接调用执行，只有当该表或视图中的数据发生添加、更新或删除操作等事件时才自动触发，并执行触发器中所定义的相关操作。

触发器可以对表实施复杂的完整性约束，保持数据的一致性。当触发器所保护的数据发生变化时，触发器会自动触发，响应同时执行一定的操作。如果发现触发器执行的 T-SQL 语句执行了非法操作，则回滚到该事件执行前的数据库状态。触发器执行的命令被当作一次事务处理，具有事务的所有特征。

2. 触发器的分类

在 SQL Server 2008 R2 中，有 3 种类型的触发器：

(1) DML 触发器是指在数据库中发生数据操作语言 (DML) 事件时启用的触发器。DML 事件即指在表或视图中修改数据的 insert、update、delete 语句。

根据 DML 触发器触发的方式不同又分为以下两种情况：

① After 触发器：它是在执行 insert、update、delete 语句操作之后执行触发器操作，主要是用于记录变更后的处理或检查，一旦发生错误，可以用 Rollback Transaction 语句来回滚本次事件。可以在表上创建多个 After 触发器，但不能对视图定义 After 触发器。

② Instead of 触发器：它在执行 insert、update、delete 语句操作之前执行触发器本身所定义的操作。对于一个表或视图，只能定义一个 Instead of 触发器。

在 SQL Server 2008 R2 中，DML 触发器的实现使用两个逻辑表 deleted 和 inserted，表的结构和触发器所在的表的结构相同。这两个表是建立在数据库服务器的内存中，由系统管理的逻辑表是只读的，当触发器执行完成后，它们也就会被自动删除。

(2) DDL 触发器是指当服务器或数据库中发生数据定义语言 (DDL) 事件时启用的触发器。DDL 事件即指在表或索引中的 create、alter、drop 语句。

(3) 登录触发器是指当用户登录 SQL Server 实例建立会话时启用的触发器。

8.2.2　创建触发器

1. 使用 create trigger 语句创建触发器

其语法格式如下：

```
create trigger trigger_name
```

on{table|view}[with encryption]

    {for|after|instead of} {[insert][,][delete][,][update]}[with append][non for replication]

    as

    [{if update(column)

    [{and|or}update(column)][...n]

    |if(columns_update(){bitwise_operator}updated_bitmask)

    {comparison_operator}column_bitmask[...n]

    }]

    sql_statement[...n]

参数说明：

(1) trigger_name 是触发器的名称。

(2) table|view 是在其上创建触发器的表或视图。

(3) with encryption 加密 syscomments 表中包含 create trigger 语句文本的条目。

(4) after 指定触发器只有在触发 SQL 语句中指定的所有操作都已成功执行后才激发。所有的引用级联操作和约束检查也必须成功完成后，才能执行此触发器。如果仅指定 for 关键字，则 after 是默认设置。

(5) instead of 指定执行触发器而不是执行触发器语句，从而替代触发语句的操作。该触发器不能在 with check option 的可更新视图上定义，用户必须用 alter view 删除该选项后才能定义 insert of 触发器。

(6) [insert][,][delete][,][update] 指定在表或视图上执行哪些数据操作语句时将激活触发器的关键字。至少指定一个选项，如果有多个选项，则用逗号分隔。对于 instead of 触发器，不允许在具有 on delete 级联操作引用关系的表上使用 delete 选项。同样，也不允许在具有 on update 级联操作引用关系的表上使用 update 选项。

(7) with append 指定应该添加现有类型的其他触发器。只有当兼容级别是 6.5 或更低时，才需要使用该可选子句。仅当为了向后兼容而指定了 for 时（没有 instead of 或 after）才能使用该选项。

(8) non for replication 表示当复制进程更改触发器所涉及的表时，不应执行该触发器。

(9) as 是触发器要执行的操作。

(10) sql_statement 是触发器的条件和操作。触发器条件指定其他准则，以确定 delete、insert、update 语句是否导致执行触发器操作。

2. 在 SSMS 中创建触发器

操作步骤如下：

(1) 在"对象资源管理器"中展开"数据库"节点，在需要创建触发器的数据库中展开相应的表，找到"触发器"节点，在触发器图标或名称上右击鼠标弹出快捷菜单，选择"新建触发器"命令，如图 8-8 所示。

◆ 图 8-8 "新建触发器"菜单

(2) 在"查询编辑器"工作界面，按触发器的格式显示编码，如图 8-9 所示。

```
SQLQuery3.sql - xwq123\...\40375 (53))*    SQLQuery1.sql - xwq123\...\40375 (51))
    SET ANSI_NULLS ON
    GO
    SET QUOTED_IDENTIFIER ON
    GO
    -- =============================================
    -- Author:        <Author,,Name>
    -- Create date: <Create Date,,>
    -- Description: <Description,,>
    -- =============================================
    CREATE TRIGGER <Schema_Name, sysname, Schema_Name>.<Trigger_Name, sysname, Trigger_Name>
       ON  <Schema_Name, sysname, Schema_Name>.<Table_Name, sysname, Table_Name>
       AFTER <Data_Modification_Statements, , INSERT,DELETE,UPDATE>
    AS
    BEGIN
        -- SET NOCOUNT ON added to prevent extra result sets from
        -- interfering with SELECT statements.
        SET NOCOUNT ON;

        -- Insert statements for trigger here

    END
    GO
```

◆ 图 8-9 "查询编辑器"编辑窗口

(3) 用户根据需要修改触发器名称，添加触发器内容，输入触发器的编码。

(4) 单击"执行"按钮，当出现"命令已成功完成"的提示后，即完成创建。

例 8-6　在 categories 表中创建一个触发器，并插入一条记录验证触发器执行情况。代码如下：

```
use studscore_wl2            -- 打开数据库
```

/*Create trigger 必须是查询语句的第一行 */

create trigger tg_categories_insupd on categories after insert,update

as

if exists(select * from inserted where categoryname in(select categoryname from studscore_wl2.dbo.

categories))   --inserted，驻内存的虚拟表

begin

print '有记录被修改'

end

选定 "create…end" 之间的语句，单击 "执行" 按钮，成功创建触发器。展开 "categories" 表，再展开 "触发器"，可见 tg_catgories_insupd。

插入一条记录：

insert into categories values('008'，' 军事类 ')

触发器触发，给出提示信息 "有记录被修改"，如图 8-10 所示。

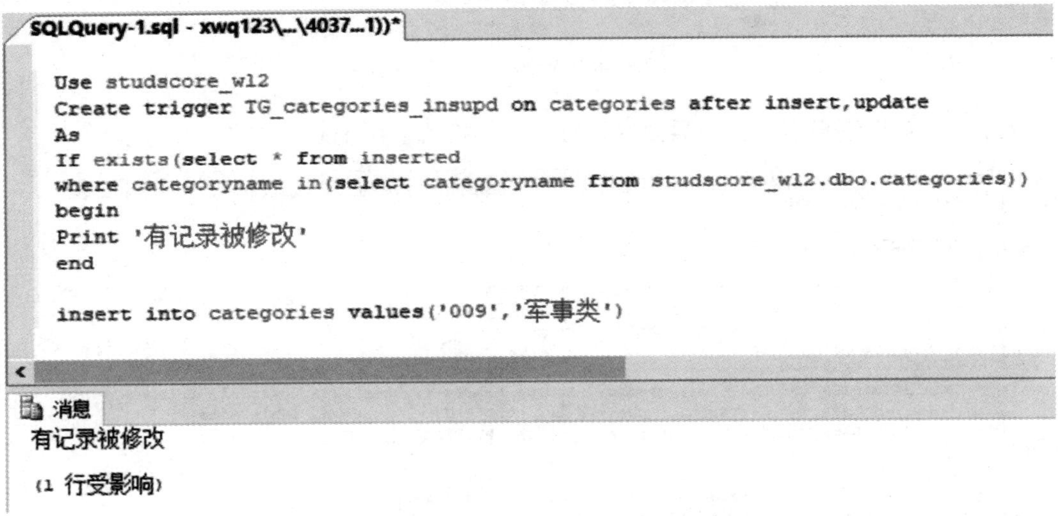

```
SQLQuery-1.sql - xwq123\...\4037...1))*
Use studscore_wl2
Create trigger TG_categories_insupd on categories after insert,update
As
If exists(select * from inserted
where categoryname in(select categoryname from studscore_wl2.dbo.categories))
begin
Print '有记录被修改'
end

insert into categories values('009','军事类')
```

消息
有记录被修改

(1 行受影响)

◆ 图 8-10 "触发器" 触发给出提示信息

8.2.3 修改触发器

1. 使用 SSMS 修改触发器

操作步骤如下：

(1) 在 "对象资源管理器" 中展开 "数据库" 节点、"表" 节点，再展开 categories 表和 "触发器" 节点。

(2) 在 "TG_categories_insupd" 上右击鼠标，在弹出的快捷菜单中选择 "修改" 命令，调出查询编辑窗口。在 "有记录被修改" 后添加 "或插入！" 字样，如图 8-11 所示。

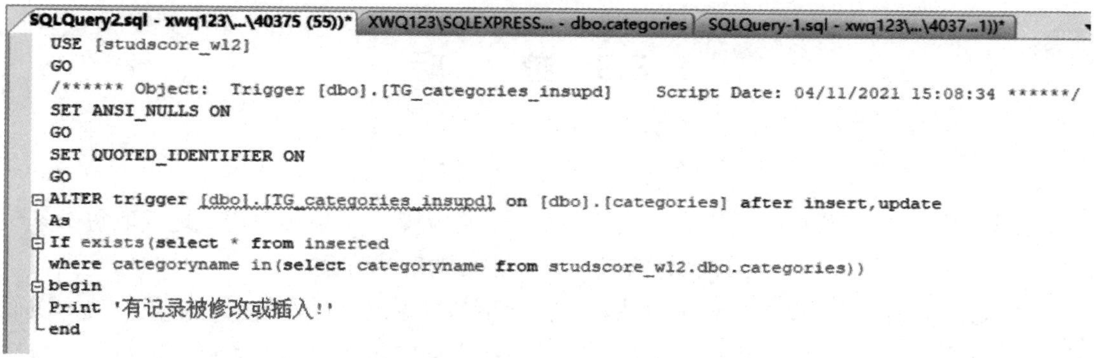

```
SQLQuery2.sql - xwq123\...\40375 (55))*   XWQ123\SQLEXPRESS... - dbo.categories   SQLQuery-1.sql - xwq123\...\4037...1))*
USE [studscore_wl2]
GO
/****** Object:  Trigger [dbo].[TG_categories_insupd]     Script Date: 04/11/2021 15:08:34 ******/
SET ANSI_NULLS ON
GO
SET QUOTED_IDENTIFIER ON
GO
ALTER trigger [dbo].[TG_categories_insupd] on [dbo].[categories] after insert,update
  As
If exists(select * from inserted
where categoryname in(select categoryname from studscore_wl2.dbo.categories))
begin
Print '有记录被修改或插入!'
end
```

◆ 图 8-11　查询窗口修改触发器工作界面

(3) 单击"执行"按钮，提示"命令已成功完成"，修改即完成。

2. 使用 alter trigger 语句修改触发器

其语法格式如下（简化）：

> alter trigger trigger_name
>
> on(table|view)
>
> as
>
> sql_statement

参数说明：与 create trigger 的参数相同。

8.2.4　删除触发器

1. 使用 drop trigger 语句删除触发器

语法如下：

> drop trigger trigger_name[,...n]

例 8-7　删除 categories 表中的表触发器 tg_categories_indupd。代码如下：

> drop trigger tg_categories_indupd

2. 在 SSMS 中删除触发器

操作步骤如下：

在"对象资源管理器"中，依次展开"数据库"节点、"表"节点和"categories"节点，找到触发器 TG_categories_indupd，右击鼠标，在弹出的快捷菜单中选择"删除"命令，在"删除对象"对话框中单击"确定"按钮，删除该触发器。

使用触发器可实现许多复杂的功能，但是要慎用，滥用会造成数据库及应用程序的维护困难。在数据库操作中，可以通过关系、触发器、存储过程、应用程序等来实现数据操作，同时规则、约束、缺省值也是保证数据完整性的重要保障。如果过分依赖触发器，势必影响数据库的结构，同时增加维护的复杂程度。

8.3 游 标

8.3.1 游标的概念

在数据库开发过程中，常常会遇到这种情况，即从某一结果集中逐一地读取每一条记录。对应这样的操作，游标 (Cursor) 就是一种非常好的解决方案。

在数据库中，游标提供了一种对从表中检索出的数据进行操作的灵活手段，就本质而言，游标实际上是一种能从包括多条数据记录的结果集中每次提取一条记录的机制。游标总是与一条 T-SQL 选择语句相关联，因为游标由结果集和结果集中指向特定记录的游标位置组成，所以当决定对结果集进行操作时，必须声明一个指向该结果集的游标。

可以把游标看成是一个用来保存数据集的对象，将 select 语句挑选出来的结果先放入游标中，然后利用循环将每一条记录从游标中取出来处理。

当然，游标是面向行的，在性能上游标会占用更多的内存，减少可用的并发，占用带宽，锁定资源，还有更多的代码量。作为一个备用方式，当使用 while、子查询、临时表、变量和函数或其他方式都无法实现某些查询时，可以使用游标来实现。

8.3.2 创建游标

使用游标有 3 个基本的步骤：声明游标、打开和使用游标以及关闭和释放游标。

1. 声明游标

游标是定义在以 select 开始的数据集上的，可以将游标理解成一个定义在特定数据集上的指针，控制指针遍历数据集，或仅仅指向特定的行。游标分为游标类型和游标变量。对于游标变量来说，遵循 T-SQL 变量的定义方法。游标变量支持两种方式赋值：定义时赋值和先定义后赋值。定义游标变量像定义其他局部变量一样，在游标前加 "@"。注意，如果定义了全局游标，则只支持定义时直接赋值，并且不能在游标名称前面加 "@"。

1) SQL-92 语法

其语法格式如下：

```
declare cursor_name[insensitive][scroll]cursor
for select_statement[for {read only|update[of column_name[,...n]]}]
```

参数说明：

(1) cursor_name 是指游标的名字。

(2) insensitive 表明 SQL Server 会将游标定义所选取出来的数据记录存放在一个临时表内 (在 tempdb 数据库)，对该游标的读取操作皆由临时表来应答。如果不使用该保留字，那么对基本表的更新、删除都会反映到游标中。

当遇到以下情况时，游标将自动设定 insensitive 选项：

① 在 select 语句中使用 distinct、group by、having、union 语句。

② 使用 outer join。

③ 所选取的任意表没有索引。

④ 将实数值当做选取的列。

(3) scroll 表明所有的提取操作 (如 first、last、prior、next、relative、absollute) 都可用，如果不使用该保留字，那么只能进行 next 提取操作。

(4) select_statement 定义结果集的 select 语句。在游标中不能使用 compute、compute by、for browse、into 语句。

(5) read only 表明不允许游标内的数据被更新，尽管在缺省状态下游标是允许更新的。在 update 或 delete 语句的 where current of 子句中，不允许对该游标进行引用。

(6) update[of column_name[,...n]] 定义在游标中可被修改的列，如果不指出要更新的列，那么所有的列都将被更新。

2) Transact-SQL 扩展语法

其语法格式如下：

```
declare cursor_name cursor[local|global][forward_only|scroll][static|keyset|dynamic|fast_forward]
[read_only|scroll_locks|optimistic][type_warning]
    for select_statement
    [for update[of column_name[,...n]]]
```

参数说明略。

例 8-8　声明一个游标，用于存储所有的学生成绩信息。代码如下：

```
declare studscoreinfo_scursor cursor for select * from studscoreinfo
```

2. 打开和使用游标

其语法格式如下：

```
open {{[global]cursor_name}|cursor_variable_name}
```

参数说明：

(1) global 表明 cursor_name 是全局游标。

(2) cursor_name 为已声明的游标的名称。如果指定了 global，那么 cursor_name 就是全局游标。

(3) cursor_variable_name 为游标变量的名称，该名称引用一个游标。

例 8-9　打开例 8-8 声明的游标。代码如下：

```
Open studscoreinfo_scursor
```

3. 关闭和释放游标

通过释放当前结果集并且解除定位游标的行上的游标锁定，可关闭一个开放的游标。

(1) 关闭游标的语法格式如下：

```
close {{[global]cursor_name}|cursor_variable_name}
```

参数说明：

① global 表明 cursor_name 是全局游标。

② cursor_name 为开放游标的名称。

例 8-10   关闭例 8-8 声明的游标 studscoreinfo_scursor。代码如下：

```
close studscoreinfo_scursor
```

(2) 释放游标的语法格式如下：

```
deallocate {{[global]cursor_name}|cursor_variable_name}
```

参数说明：deallocate 用于删除游标引用，释放游标。

8.3.3   游标在存储过程中的应用

例 8-11   在 stud、sc 表中建立学生平均成绩排名游标，将成绩按降序存入游标，然后使用 while 循环从游标中一条一条地取出来，实现排名。

(1) 创建成绩视图。代码如下：

```
create view v_scavgscore
as
select s.s#,sname,cast(avg(score) as numeric(5,1)) as avgscore from student s,sc
where s.s#=sc.s# group by s.s#,sname
```

(2) 定义存储过程，并使用游标和循环语句。代码如下：

```
create procedure proc_studscore
as
declare studscore cursor for select s#,sname,avgscore from v_scavgscore order by avgscore
desc
open studscore
declare @s# varchar(12),@sname varchar(20),@i int,@avgscore numeric(5,1)
set @i=1
fetch next from studscore into @s#,@sname,@avgscore   -- 将游标向下移 1 行，获取的值放入变量中
print space(3)+ ' 学号 '+space(5)+ ' 姓名 '+space(5)+ ' 平均分 '+space(5)+ ' 名次 ' while (@@fetch_status=0)
begin
print @s#+space(5)+@sname+space(5)+cast(@avgscore as varchar)+space(5)+cast(@i as varchar)
fetch next from studscore into @s#,@sname,@avgscore
set @i=@i+1
end
close studscore
```

deallocate studscore

(3) 创建并调用存储过程 proc_studscore。

选中"create procedure…deallocate studscore"的代码部分，单击"分析"按钮，显示"命令已成功完成"。单击"执行"按钮，显示"命令已成功完成"，存储过程创建成功。展开"可编程性"，显示有 dbo.proc_studscore。

然后，输入代码"exec proc_studscore"，并选中这一行代码，单击"执行"按钮，存储过程成功调用，显示结果。运行结果如图 8-12 所示。

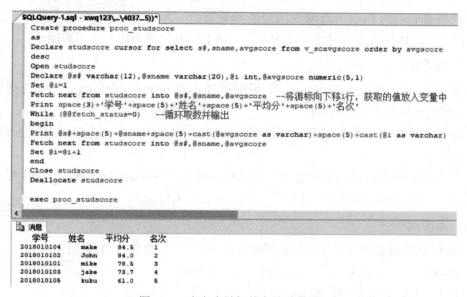

◆ 图 8-12　定义含游标的存储过程并调用

习　题

一、填空题

1. 在 SQL Server 2008 R2 中，存储过程按类型可分为＿＿＿＿＿＿、＿＿＿＿＿＿和＿＿＿＿＿＿。

2. create proc[edure] procedure_name[;number]

　　[{@parameter data_type}[varying][=default][output]][,...n]

　　[with {recompile|encryption|recompile,encryption}]

[for replication]

as sql_statement[...n]

在空白处填写相应的内容：

_____是要创建的存储过程的名称，_____用来声明存储过程的形式参数，_____是参数的数据类型，_____指定参数的缺省值，_____表明该参数是一个返回参数，_____指明该存储过程将要执行的动作。

3. 触发器（_____）是针对某个（表或视图）所编写的特殊类型的存储过程，不能被直接调用执行，只能当该表或视图中的数据发生_____、_____或_____操作等事件时才自动触发，并执行触发器中所定义的相关操作。

二、判断题

1. 扩展存储过程是 SQL Server 实例可以动态加载和运行的 DLL，可直接在 SQL Server 实例的地址空间中运行。（   ）

2. 自定义的存储过程也和系统存储过程、扩展存储过程一样，会被添加到所属数据库的存储过程中。（   ）

3. 可以把游标看成是一个用来保存数据集的对象，将 select 语句挑选出来的结果先放入游标中，然后利用循环将每一条记录从游标中取出来处理。（   ）

三、选择题

1. DDL 触发器是指当服务器或数据库中发生（   ）事件时将启用。

A. insert　　　　B. create　　　　C. alter　　　　D. drop

2. 关于游标，正确的说法有（   ）。

A. 游标分为游标类型和游标变量

B. 游标是面向行的，在性能上游标会占用更多的内存，减少可用的并发

C. read only 表明不允许游标内的数据被更新

D. 使用游标有声明、打开和使用以及关闭和释放游标 3 个步骤

四、实践题

1. 查看有关 D:\sq 文件夹的文件信息。

2. 设有职工表 employees(empid,name,salary,dpid) 和部门表 department(dpid,dpname,telephone,fax,manager)，要求：定义存储过程，根据输入的部门名称，返回该部门的员工的人数及平均工资。

3. 在 stud、sc 表中建立学生成绩排名游标，将成绩按降序存入游标，然后使用 while 循环从游标中一条一条地取出来，实现排名。

第一步：创建成绩视图。

第二步：定义存储过程，并使用游标和循环语句。

第三步：创建并调用存储过程。

第 9 章　数据库应用开发

把基于数据库的应用程序 (或应用软件) 称为数据库应用。数据库应用系统本质上也是软件，因此它的开发过程与一般的软件开发相似。数据库本身并不能建立应用程序，只能完成后台数据的存储与管理，因此必须和前端的应用程序结合起来才能执行业务处理功能。与其他应用系统相比，数据库应用系统引入了数据库的访问操作，因此在设计和实现过程中必须掌握数据库访问的相关技巧。本章的重点是介绍关系数据库设计的基本过程、数据库应用系统的数据库访问架构及编程方法。

 【思政案例】

全球 5G 市场格局

当今世界，哪个国家的 5G 实力最强？通常从标准主导能力、芯片的研发与制造、系统设备的研发与部署、手机的研发与生产、业务的开发与运营和运营商能力等 6 个方面来分析。

5G 标准是一个复杂的体系。一个完整的 5G 标准体系需要进行多个子标准的立项，哪个国家和企业立项多，自然在整个 5G 标准中就拥有主导权。全世界 5G 标准立项并且通过的企业有：中国移动 10 项，华为 8 项，爱立信 6 项，高通 5 项，日本 NTT DOCOMO 4 项，诺基亚 4 项，英特尔 4 项，三星 2 项，中兴 2 项，法国电信 1 项，德国电信 1 项，中国联通 1 项、西班牙电信 1 项、Esa 1 项。按国家统计，中国 21 项，美国 9 项，欧洲 14 项，日本 4 项，韩国 2 项。

其中，实力最为强大的国家，或者说 5G 标准的重要主导者当然是中国。

要做好 5G，无论是基站还是手机，都需要芯片。核心网络的管理系统需要计算芯片，也需要存储芯片，基站等众多设备需要专用的管理、控制芯片。手机需要计算芯片、基带芯片和存储芯片，当然未来的大量 5G 终端还需要感应芯片。

摩托罗拉是世界上最早的也是最强大的通信设备公司，后来有爱立信、诺基亚、西门子、阿尔卡特、朗讯、NEC 等众多的通信设备公司。3G 时代，中国的大唐、华为、中兴开始借助 TD-SCDMA 在中国市场发力。4G 时代，通信系统的格局基本成为华为第一，爱立信第二，诺基亚第三，中兴第四，韩国三星第五。

2020 年，全球全面开始 5G 商用，华为因为有自己的系统和芯片，所以华为手机形成了良好的综合能力，可以很好地支持 5G。因此，华为的手机研发和生产能力是显而易见的。

发展好 5G，一个很重要的问题就是电信运营商的网络部署能力。我国三家电信运营商是世界上实力最强的电信运营商，三家电信运营商的 4G 基站数超过 350 万个，总基站数超过 640 万个，这个数目是全世界任何一个国家无法比拟的。

除了基站的数量，中国在 5G 的技术路线图上，选择了更为激进的 SA 独立组网的方案，欧美多数国家选择的是 NSA(非独立组网) 方案。NSA 方案长时间主要的网络还是 4G，只在核心地区用 5G 组网，这样的网络无法实现所有的 5G 场景与业务。

可以预期，5G 正式商用的全面爆发，领先世界的国家非中国莫属。

思考：

全球 5G 市场格局，群雄争霸，对中国及其相关企业的表现怎么评价？

9.1　关系数据库的设计

9.1.1　关系数据库设计的概念

数据库设计 (Database Design) 是指对于一个设定的应用环境，构造最优的数据库模式，建立数据库及其应用系统，使之能够有效地存储数据，满足各种用户的应用需求。它是规划和结构化数据库中的数据对象以及这些数据对象之间关系的过程。

数据库设计是根据用户的需求来设计数据库的结构和建立数据库的过程，是管理信息系统开发和建设的核心技术。在开发数据库系统时，需要用到软件工程的原理和方法。

9.1.2　关系数据库设计的基本过程

按照规范设计的方法，结合软件工程的思想，可将数据库设计分为 6 个阶段：需求分析阶段、概念结构设计阶段、逻辑设计阶段、物理设计阶段、数据库实施阶段、数据库运行和维护阶段。

1. 需求分析

需求分析就是了解用户的需求。通过调查和分析用户的业务活动和数据的使用情况，弄清所用数据的种类、范围、数量及它们在业务活动中的情况，确定用户的使用要求和约束条件等，形成文本资料，在此基础上确定系统的功能及其扩展。

用户需求调查分析的方法有多种，通常主要方法有自顶向下和自底向上两种。文本资料主要是数据流图和数据字典。其中数据流图就是采用结构化分析方法，以图形方式来表达系统功能、数据流向及其变换过程。数据字典是对系统中数据的详细描述，是各类数据结构和属性的清单。

2. 概念设计

概念设计就是将用户需求分析得到的用户需求抽象为信息结构，即概念模型。最著名的概念模型就是 E-R 模型，概念设计的结果就是 E-R 图。

概念设计的步骤是先进行数据抽象，设计底层子系统 E-R 模型。其次是集成各底层子系统 E-R 模型，最终形成全局 E-R 模型。

3. 逻辑设计

逻辑设计的任务就是把概念设计的成果 E-R 图转换为 DBMS 支持的逻辑结构。

4. 物理设计

物理设计的任务是为了有效地实现逻辑模式，确定所采取的存储策略，其内容包括关系模型的存取方法、数据库的存储结构、参数配置等。

5. 数据库实施

数据库实施就是在计算机上建立起符合需求的数据库结构、填入数据、测试和试运行的过程。

6. 数据库运行和维护

数据库试运行通过后，数据库开发工作就基本结束，进入正式运行阶段。对数据库的经常性维护工作主要由 DBA 完成，包括安全性与完整性控制、性能监测与改善、数据备份与管理等工作。

9.2　数据库应用开发过程

应用软件 (Application Software) 是和系统软件相对应的，是使用各种程序设计语言编制的应用程序的集合。随着面向对象技术的应用，软件架构也进入了大家的视野。通常，小规模网站的 Web 应用系统架构将 Web 应用和数据库分开部署，Web 应用服务器和数据库服务器各司其职，在系统访问量增加时可以分别升级应用服务器和数据库服务器。

数据库通常统一存储在数据库服务器上，并且由服务器进行统一管理。这里的服务器指的是 DBMS。SQL Server、Oracle 等都允许在一台计算机上安装多个 DBMS，有时也用 DBMS 实例来指代数据库服务器。

9.2.1　数据库应用系统的架构

计算机中的 Architecture 一词，译成中文有"架构""体系"之意，是有关软件整体结构与组件的抽象描述。软件架构在定义上分为"组成派"和"决策派"两大阵营。"组成派"认为软件架构是将系统描述成计算组件及组件之间的交互；"决策派"认为软件架构包含了一系列的决策，主要包括软件系统的组织选择、组成系统的结构元素和它们之间的接口等。

数据库应用系统的架构一般指软件体系结构。一般地，可以将数据库应用系统的所有业务功能划分为以下三个部分：

(1) 操作界面服务。操作界面服务主要完成数据的输入与显示等业务处理，如输入数据的正确性检查、输出数据的报表显示、图形显示等。

(2) 商业服务。商业服务主要完成数据库应用系统中的数据运算以及业务规则处理，如商业规则的检查、对输入数据的加工处理等。

(3) 数据服务。数据服务主要完成数据库应用系统中的数据存储与管理功能，如数据的完整性检查、安全性控制等。

根据这三类功能在整个架构中位置的不同，数据库应用系统的架构大致可分为两种，即客户机 / 服务器 (C/S) 结构和浏览器 / 服务器 (B/S) 结构。

1. C/S 结构

C/S 结构由客户端和服务器构成，其中服务器指数据库服务器，客户端指完成前端业务处理的应用程序。在 C/S 结构中，客户端可以根据业务处理的要求实时地访问后台的数据库服务器，从而提供对前台数据的增加、删除、修改、查询等服务。

C/S 结构又有许多变种，在实际开发中常用的结构主要有以前端为主的 C/S 结构和以后端为主的 C/S 结构。以前端为主的 C/S 结构是指在应用系统的三类服务中，操作界面服务和商业服务都在客户端完成，而服务器仅提供数据服务。在图 9-1 给出了以前端为主的 C/S 结构示意图。在这种结构中，客户端负担重，服务器负担轻，所以也称为"胖客户机 / 瘦服务器结构"。

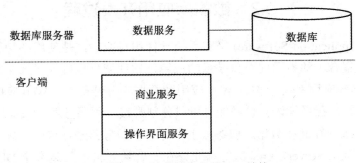

◆ 图 9-1　以前端为主的 C/S 结构

图 9-1 所示的架构是企业管理信息系统中最常见的体系结构。比较常用的一些程序设计工具，如 Delphi、C++、VB 等都可以用来开发这种结构的数据库应用系统。

以后端为主的 C/S 结构是在以前端为主的结构基础上提出来的，可以看成是对以前端为主的 C/S 结构的一种改进。图 9-2 给出了以后端为主的 C/S 结构示意图。从图中可以看到，在以后端为主的 C/S 结构中，商业服务从客户端迁移到了服务器，因此数据库服务器不仅承担了数据服务，还承担了商业服务。这种结构减轻了客户端的计算机负担，加大了服务器的处理业务，因此也称为"瘦客户机 / 胖服务器结构"。

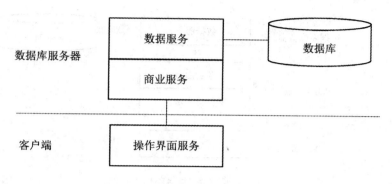

◆ 图 9-2　以后端为主的 C/S 结构

　　一般情况下，数据库服务器本身并不提供业务处理的能力，因此以后端为主的 C/S 结构对 DBMS 本身有一定的要求，即要求 DBMS 具备基本的业务处理编程能力，只有这样才能将商业服务迁移到服务器。在现在的 DBMS 中，这一要求主要通过过程化的 SQL 来实现。也就是说，可以将商业服务层的功能用过程化 SQL 实现成存储过程，然后由客户端调用。在实际开发中，一般也用这种方式来建立以后端为主的数据库应用系统结构。

2. B/S 结构

　　在 C/S 结构中，操作界面服务和商业服务通常在客户端运行，因此一旦系统需要升级，就需要对所有客户端进行更新。在银行、证券、邮电等分布式应用系统中，这种维护性任务的工作量巨大，对系统的升级工作带来了很大的困难。B/S 结构正是在这样的背景下出现的。B/S 结构出现的基础是互联网和 WWW 服务的出现。

　　在 WWW 服务中，客户端 (即浏览器) 提供了一个统一的显示和操作界面，它可以将 Web 服务器上的 HTML 页面动态下载到客户端本地运行。这种方式最大的优点是可维护性好。如果需要更新页面，只需要在 Web 服务器上将页面的内容更新，所有的客户端都可以自动获取最新的页面。因此，B/S 结构非常适合于那些地域性分布的应用。

　　图 9-3 给出了数据库应用系统的 B/S 结构示意图。这种结构包含了客户端、Web 服务器和数据库服务器 3 层。从图中可以看到，在 B/S 结构中，客户端只提供唯一的浏览显示功能 (这也可以看成是操作界面服务的一部分)，商业服务和操作界面服务则通常放在 Web 服务器上。从数据库服务器的角度来看，Web 服务器就是它的客户端，Web 服务器和数据库服务器在许多应用中通常都是基于 C/S 结构搭建的。因此，在 Web 服务器和数据库服务器中，仍可以有多种方式来安排商业服务的位置。例如，可以将商业服务迁移到数据库服务器上。

　　B/S 结构的数据库应用系统开发需要用专门的 Web 开发工具，如 ASP/ASP.NET、C# 或 JSP(JavaServer Pages) 等。一般的 Web 开发工具都提供数据库访问功能，可以用来实现 B/S 结构的数据库应用系统。而传统的开发工具，如 VC++、VB、Power Builder 等，都是针对 C/S 结构应用系统开发而设计的，因此不能直接用来开发 B/S 结构的应用系统。

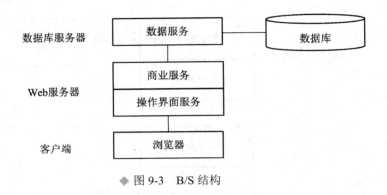

◆ 图 9-3 B/S 结构

C/S 结构和 B/S 结构都各有优缺点，相应的开发工具也各有所长，应根据应用系统各自的需求来决定建立何种结构的系统。C/S 结构和 B/S 结构后来还产生了许多变种，例如 3 层的 C/S 结构、多层的 B/S 结构等，也提出了 C/S 和 B/S 的混合实现结构。

9.2.2 数据库应用系统开发的过程

数据库应用系统的开发过程一般遵循结构化方法即生命周期法。

结构化软件开发方法首先对问题进行全面、细致的调查，然后从功能和流程的角度来分析和优化问题，最后设计和实现系统。它的核心思想是结构化的分析、设计与编程，特点是强调自顶向下设计以及流程化和文档化。结构化方法一般通过数据流程图分析、模块化技术和结构化程序技术来实现。图 9-4 所示为基于结构化方法的数据库应用系统开发过程。

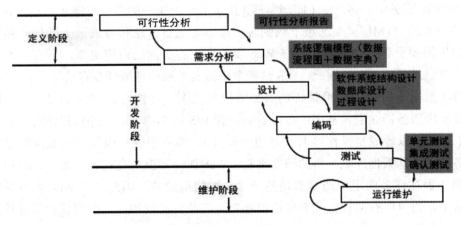

◆ 图 9-4 结构化方法的数据库应用系统开发过程

下面简要介绍每个过程，更详细的内容可参考有关软件工程的书籍。

1. 可行性分析

可行性分析是研究对于提出的系统开发需求是否存在可行性，是否值得去做。可行性分析一般要分析系统开发的经济可行性、技术可行性及操作可行性，基本的步骤如下：

(1) 复查系统规模和目标：根据系统的开发目标访问关键人员，改正含糊的、二义的以及不正确的描述，核查系统限制和约束。

(2) 研究现有系统功能：分析现有系统的任务和功能，比较新旧系统。例如，新系统必须完成旧系统的基本功能、新系统必须改正旧系统存在的问题、新系统比旧系统增收入和减支出等。

(3) 导出新系统模型：定义新系统的逻辑模型，明确新系统的功能需求和其他目标。

(4) 重新定义问题：复查问题定义、规模和目标，根据新系统逻辑模型重新定义问题。这些问题有可能是由于系统分析员误解产生的，也有可能是之前遗漏的。重新定义问题一般需要循环执行 (定义、分析、求解、重定义)，最终明确新系统的问题定义。

(5) 导出和分析各种可选解决方案：根据新系统的逻辑模型，从不同角度导出不同的物理模型 (物理实现方案)，并分析每一种方案的经济可行性、技术可行性和操作可行性，去掉经济上不合算、用户没有能力操作、技术上实现不了的方案，最后为可行的方案制订进度计划。

(6) 推荐行动方针：得出可行性研究的结论，即终止还是继续开发。如果继续开发，则对推荐方案进行成本/效益分析。

(7) 草拟开发计划：为推荐方案制订开发计划，包括进度安排、开发人员、硬件设备、软件工具、各阶段成本估计等。

(8) 书写文档提交审查：提交可行性研究报告，总结各阶段的任务和结果，给出推荐方案及可行性分析结果，描述开发计划等。

2. 需求分析

软件系统的需求是以一种清晰、简洁、一致且无二义性的方式，对一个待开发系统中各个有意义方面的陈述的一个集合。常见的需求有功能需求、数据需求、性能需求、环境需求、可靠性需求、安全保密需求、用户界面需求、资源使用需求、成本消耗需求、开发进度需求等，其中最重要的是功能需求、数据需求和性能需求。需求分析通常包括需求获取和需求规格说明两部分内容，最终的目标是形成软件系统的需求规格说明书。

需求分析常用的工具有数据流程图和 E-R 模型。数据流程图 (Data Flow Diagram, DFD) 用于分析软件系统的数据流，即数据在整个系统中的流动和处理过程。数据流分析的目的是建立软件系统的功能模型，从而给出系统功能需求的规格说明。E-R 模型采用 E-R 图的方式分析系统中的数据需求，包括涉及的实体以及实体之间的联系。对于数据库应用系统而言，数据流分析的最终目标是明确系统的数据处理过程，从而导出系统的功能模块结构，而 E-R 分析的目标是明确系统的数据需求，最终导出数据库的逻辑结构和物理结构。

3. 设计

设计一般分为概要设计和详细设计两个阶段。其中概要设计阶段主要完成软件系统的

体系结构 (功能模块结构) 设计、处理程序设计、数据库设计和接口设计等工作；详细设计阶段主要给出每个模块具体的输入 / 输出、程序流程、数据结构和约束等内容，为模块的编码奠定基础。具体介绍如下：

(1) 软件的功能模块结构一般从需求分析的数据流程图中导出，最终建立层次结构的功能模块划分。模块之间的关系一般通过控制结构图来分析。模块设计的主要指标是高内聚和低耦合，强调模块的高度封装和独立性。

(2) 处理流程设计是指多个模块组合响应系统需求的工作过程。一般地，在需求分析阶段定义的系统功能需求需要借助多个模块的功能才能满足，而处理流程设计给出了针对不同功能需求的模块组合策略和运行流程。

(3) 数据库设计是概要设计中的重要内容之一。数据库设计的基础是需求分析阶段得到的 E-R 模型，再将 E-R 模型转换为关系数据模型，然后规范化，一直到建立数据库物理结构。

(4) 接口设计主要包括内部接口设计和外部接口设计。内部接口是指模块之间的接口关系，如通过数据库交互、通过共享文件交互等。外部接口是指系统与外部用户或其他系统之间的接口关系，如外部数据采集接口、输出接口等。

(5) 详细设计的主要任务是精确描述每个模块的程序逻辑。详细设计阶段建立了程序设计的蓝本，程序员可以据此进行实际编码。详细设计描述一般要给出每个模块的输入 / 输出参数、涉及的数据结构、程序流程、出错处理和边界约束等信息，以便使程序员在编码时能够充分明确模块的处理过程。其中最重要的是程序流程设计。程序流程设计常用的工具有程序流程图、N-S 图、PAD 图、程序描述语言 (伪码) 等。在实际开发中，可以根据不同系统的特点选择不同的描述方法。

4. 编码

编码阶段主要是完成详细设计阶段各个模块的编程实现任务，包括人机界面设计和程序编码工作。人机界面设计一般需要遵循 3 条基本原则：置于用户控制之下、减少用户的记忆负担和保持界面一致。程序编码的基本要求是逻辑清楚、清晰易读。

软件系统开发所用的程序设计语言一般要根据自己的特点和需求选择，主要考虑的因素包括以下几点：

(1) 软件的应用领域。

(2) 系统用户的要求。

(3) 可以使用的编译程序。

(4) 可以得到的软件工具。

(5) 工程规模。

(6) 程序员的知识。

(7) 软件可移植性。

下面是常见的一些程序设计语言与所适用的领域。

(1) C/C++ 语言，适合系统底层实现及实时应用。

(2) Fortran，适合工程领域。

(3) Python、Prolog 和 Lisp，适合人工智能领域。

(4) Delphi、VB，适合 MIS 应用开发。

(5) VC、Python，适合信息处理与控制等应用开发。

(6) Java，适合平台无关的应用。

(7) C#、Python、JSP、ASP，适合 Web 应用。

5. 测试

软件测试是软件系统开发过程中非常重要的一个步骤。测试是程序的执行过程，目的在于发现错误。一个好的测试用例在于能够发现至今未发现的错误，一个成功的测试是发现了至今未发现的错误的测试。

(1) 关于软件测试，必须清楚以下几点：

① 软件测试的目的是以最少的时间和人力，系统地找出软件中潜在的各种错误和缺陷。如果成功地实施了测试，就能发现软件中的错误。

② 软件测试的附带收获是指它能够证明软件的功能和性能与需求说明相符合。

③ 实施收集的测试结果数据为可靠性分析提供了依据。

④ 测试不能表明软件中不存在错误，它只能说明软件中存在错误。

⑤ 最严重的错误 (从用户角度) 是导致软件无法满足需求的错误。程序中的问题根源可能在开发前期的各阶段，纠正错误也必须追溯到前期工作。

⑥ 软件测试不等于程序测试，软件测试应贯穿于软件定义与开发的整个过程，并且在概要设计阶段就要完成软件测试计划的编写。

(2) 软件测试过程一般分为单元测试、集成测试和确认测试 3 个阶段。

第一阶段：单元测试。单元测试又称为模块测试，是针对软件设计的最小单位——程序模块，进行正确性检验的测试工作。其目的在于发现各模块内容可能存在的各种差错。

单元测试需要从程序的内部结构出发设计测试用例。多个模块可以平行地独立进行单元测试，检验每个模块能否单独工作。

第二阶段：集成测试。在单元测试的基础上，需要将所有模块按照设计要求组装成系统，发现并排除在模块连接中可能出现的问题，最终构成要求的软件系统。集成测试需要考虑多方面的问题，通常包括以下几个方面：

① 在把各个模块连接起来时，穿越模块接口的数据是否会丢失。

② 一个模块的功能是否会使另一个模块的功能产生不利的影响。

③ 各个功能组合起来，能否达到预期要求的功能。

④ 全局数据结构是否有问题。

⑤ 单个模块的误差累积起来，是否会放大，从而达到不能接受的程度。

第三阶段：确认测试。在模拟环境下，验证集成后的被测试软件是否满足需求规格说明书列出的需求。

(3) 软件测试方法。软件测试的基本方法有白盒测试和黑盒测试。白盒测试 (White-box Testing) 也称玻璃盒测试 (Glass-box Testing)，是指测试者完全知道程序的内部结构和处理算法，而黑盒测试 (Black-box Testing) 是指测试者完全不知道程序的内部结构和处理算法的测试。

一般地，单元测试采用白盒测试，而集成测试和确认测试通常采用黑盒测试。

6. 运行维护

软件测试通过后即开始试运行，并进入维护阶段。软件维护是指在软件已经交付使用后，为了改正错误或满足新的需要而修改软件的过程。软件维护包括 3 种类型的维护工作：改正性维护、适应性维护和完善性维护。

(1) 改正性维护。为了识别和纠正软件错误，改善软件性能上的缺陷，排除实施中的错误使用而进行的诊断和改正错误的过程叫作改正性维护。

在软件交付使用后，因开发时测试的不彻底或不完全，必然会有部分隐藏的错误遗留到运行阶段。这些隐藏下来的错误在某些特定的使用环境下就会暴露出来。

(2) 适应性维护。为使软件适应外部环境或数据环境变化而进行的修改软件的过程叫作适应性维护。适应性维护一般是由于外部环境 (新的软硬件配置) 变化，或者数据环境 (数据库、数据格式、数据输入 / 输出方式、数据存储介质) 变化引起的。

(3) 完善性维护。为了满足用户提出的新的功能与性能要求，需要修改或再开发软件，以扩充软件功能，增强软件性能，改进加工效率，提高软件的可维护性等，这种情况下进行的维护活动叫作完善性维护。

9.3 数据库访问架构设计

9.3.1 数据库访问技术

1. ODBC 技术

ODBC(Open DataBase Connectivity，开放数据库互联) 是微软公司开放服务结构中有关数据库的一个组成部分，是一种数据库访问协议，提供了访问数据库的 API 接口。基于 ODBC 的应用程序，对数据库操作不依赖于具体的 DBMS，所有数据库操作由对应 DBMS 的 ODBC 驱动程序完成，即系统中不需要安装 DBMS 系统，但必须有 ODBC 驱动程序，然后在 ODBC 管理器中注册数据源后，就可以在应用程序中通过 ODBC API 访问该数据库。在数据库处理方面，Java 提供的 JDBC 与 ODBC 类似，为数据库开发应用提供了标准的应用程序编程接口。

一个完整的 ODBC 由下列几个部件组成：

(1) 应用程序 (Application Program)：包括 ODBC 管理器 (其主要任务是管理安装的 ODBC 驱动程序和管理数据源)、驱动程序管理器 (Driver Manager，包含在 ODBC32.dll 中，管理驱动程序，是 ODBC 中最重要的部件)。

(2) ODBC API：提供 ODBC 与数据库之间的接口，是一些 DLL，如 ODBC 驱动程序。

(3) 数据源：包含数据库位置和数据库类型等信息，实际上是一种数据连接的抽象。

目前，支持 ODBC 的有 SQL Server、Oracle、Access 等 10 多种流行的 DBMS。当使用应用程序时，应用程序首先通过使用 ODBC API 与驱动管理器进行通信。ODBC API 由一组 ODBC 函数调用组成，通过 API 调用 ODBC 函数提交 SQL 请求。然后驱动管理器通过分析 ODBC 函数并判断数据源的类型，配置正确的驱动器，并把 ODBC 函数调用传递给驱动器。最后，驱动器处理 ODBC 函数调用，把 SQL 请求发送给数据源，数据源执行相应操作后，驱动器返回执行结果，管理器再把执行结果返回给应用程序。

2. ADO 技术

ADO(ActiveX Data Objects，ActiveX 数据对象) 是微软的一个用于存取数据源的 COM 组件，具有跨系统平台的特性。ADO 随微软的 IIS 被自动安装，提供了编程语言和统一数据访问方式 OLE DB 的一个中间层。OLE DB(Object Link and Embed，对象连接与嵌入) 是一组读写数据的方法，是一个低层的数据访问接口，可以访问各种数据源，包括关系数据库、非关系数据库、电子邮件、文件系统、文本和图像等。

ADO 是高层数据库访问技术，相对于 ODBC 来说，具有面向对象的特点。ADO 包括了 6 个类：Connection、Command、Recordset、Errors、Parameters 和 Fields。 其 中：Connection 用于表示和数据源的连接，以及处理一些命令和事务；Command 用于执行某些命令来进行诸如查询、添加、删除或更新记录的操作；Recordset 用于处理数据源的记录集，是在表中修改、检索数据的最主要的方法。一个 Recordset 对象由记录和列 (字段) 组成。其他 3 个类本书不作介绍，读者可自行查阅相关资料学习。

9.3.2　ADO.NET

ADO.NET 是一组访问数据源的面向对象的类库。数据源就是数据库，同时也包括文本文件、Excel 表格或者 XML 文件。

ADO.NET 是用于和数据源打交道的 .NET 技术，包含了许多 Data Providers，分别用于访问不同的数据源，取决于它们所使用的数据库或协议。ADO.NET 提供了访问数据源的公共方法，对于不同的数据源，采用不同的类库，这些类库称为 Data Providers。基本的类库如表 9-1 所示，其中 API 前缀表示它们支持的协议。

表 9-1　ADO.NET 基本的类库

Data Providers	API 前缀	数据源描述
ODBC	Odbc	提供 ODBC 接口的数据源
OleDb	OleDb	提供 OleDb 接口的数据源，如 Access 或 Excel
Oracle	Oracle	Oracle 数据库
SQL	Sql	Microsoft SQL Server 数据库
Borland	Bdp	通用的访问方式能访问许多数据库，如 Interbase、SQL Server、IBMDB2 和 Oracle

如果使用 OleDb Data Provider 连接一个提供 OleDb 接口的数据源，那么将使用的连接对象就是 OleDbConnection。同理，如果使用 Odbc 数据源或 SQL Server 数据源就分别加上 Odbc 或 Sql 前缀，即 OdbcConnection 或 SqlConnection。具体介绍如下：

1. SqlConnection 对象

要访问一个数据源，必须先建立一个到它的连接。这个连接描述了数据库服务器的类型、数据库名字、用户名和密码以及连接数据库所需要的其他参数。

Command 对象通过使用 Connection 对象指明是在哪个数据库上面执行 SQL 命令。

2. SqlCommand 对象

连接数据库后就可以开始操作想要执行的数据库，这个是通过 Command 对象完成的。Command 对象一般被用来发送 SQL 语句给数据库。Command 对象通过 Connection 对象指明应该与哪个数据库进行连接。

既可以用 Command 对象来直接执行 SQL 命令，也可以将一个 Command 对象的引用传递给 SQLDataAdapter。SQLDataAdapter 包含了一系列的 Command 对象，可以处理大量的数据。

3. SqlDataReader 对象

许多数据库操作仅仅只是需要读取一组数据。通过 DataReader 对象，可以获得从 Command 对象的 select 语句得到的结果。DataReader 返回的数据流被设计为只读的、单向的，只能按照一定的顺序从数据流中取出数据。

4. DataSet 对象

DataSet 对象用于表示那些存储在内存中的数据，包括多个 DataTable 对象。DataTable 就像一个普通的数据库中的表一样，也有行和列，能够通过定义表和表之间的关系来创建从属关系。DataSet 对象主要用于管理存储在内存中的数据以及对数据的断开操作。

5. SqlDataAdapter 对象

SqlDataAdapter 通过断开模型来减少数据库调用的次数，把读取的数据缓存在内存中。当批量完成对数据库的读写操作并将改变写回数据库时，DataAdapter 会填充 DataSet 对象。DataAdapter 里包含了 Connection 对象，当对数据源进行读取或写入时，DataAdapter 会自动地打开或关闭连接。此外，DataAdapter 还包含对数据的 select、insert、update 和 delete 操作的 Command 对象引用。

综上所述，SqlConnection 对象用于管理与数据源的连接，SqlCommand 对象可以向数据源发送 SQL 命令，SqlDataReader 对象可以快速地从数据源获得只读的、向前的数据流，使用 DataSet 可以处理那些已经断开的数据 (存储在内存中的)，通过 SqlDataAdapter 可实现数据源的读取和写入。

9.3.3　C# 操作 SQL Server 数据库

C# 语言 (C Sharp) 是一种面向对象的编程语言，是专门为 .NET 的应用而开发的语言，吸收了 C++、Visual Basic、Delphi 和 Java 等语言的优点，可以通过它编写在 .NET Framework 上运行的各种安全可靠的应用程序。

1. ADO.NET 访问 SQL Server 数据库的方法

1) 连接对象——Connect

连接对象用于提供与数据库的连接。常用的连接对象有以下几种：

(1) SqlConnection：只连接 SQL Server。

(2) OleDbConnection：连接支持 OleDb 的任何数据源 SQL Server、Access、DB2 等。

(3) OdbcConnection：连接建立的 ODBC 数据源。

(4) OracleConnection：只连接 Oracle 数据库。

使用 SqlConnection 对象的基本步骤如下：

(1) 引用命名空间，即

　　using System.Data.SqlClient;

(2) 使用构造函数实例化连接对象，即

　　SqlConnection SqlConn=new SqlConnection(DB 连接字符串);

方法如下：

· Open()：打开一个连接，建立到数据源的物理连接。

例如：

　　SqlConn.Open();

· Close()：关闭一个连接。

属性如下：

State：连接状态。

例如：

```
if(SqlConn.State==ConnectionState.Open)
    SqlConn.Close();
```

例 9-1   SqlConnection 对象示例。代码如下：

```
using System.Data.SqlClient;
String strConn="Data Source=xwq123\SQLEXPRESS;Initial Catalog=studscore_wl;UserID=sa;
Password=xwq123; ";
SqlConnection SqlConn=new SqlConnection(strConn);
SqlConn.Open();
…    // 其他代码
SqlConn.Close();
```

2) 数据适配器——DataAdapter

DataAdapter 表示一组 SQL 命令和一个数据库连接，用于填充 DataSet 和更新数据源。DataAdapter 对象是一个数据适配器对象，是 DataSet 与数据源之间的桥梁。DataAdapter 对象提供 4 个属性，分别是 SelectCommand 属性、InsertCommand 属性、DeleteCommand 属性和 UpdateCommand 属性，用于实现与数据源之间的互通。

常用的数据适配器对象有以下几种：

(1) SqlDataAdapter：只适用于 SQL Server。

(2) OleDbDataAdapter：适用于支持 OleDB 的任何数据源 SQL Server、Access、DB2 等。

(3) OdbcDataAdapter：适用于建立 ODBC 数据源。

(4) OracleDataAdapter：只适用于 Oracle 数据库。

下面重点介绍 SqlDataAdapter。

(1) SqlDataAdapter 的特性。SqlDataAdapter 类用作 ADO.NET 对象模型中和数据连接部分和未连接部分之间的桥梁。SqlDataAdapter 从数据库中获取数据，并将其存储在 DataSet 中。SqlDataAdapter 也可能取得 DataSet 中的更新，并将它们提交给数据库。通过调用 Fill 方法填充 DataSet。如果调用 Fill 方法时 SqlDataAdapter 与数据库的连接不是打开的，则 SqlDataAdapter 将打开数据库连接，查询数据库，提取查询结果，将查询结果填入 DataSet，然后关闭数据库的连接。

(2) SqlDataAdapter 的创建和使用。SqlDataAdapter 将查询结果存储到 DataSet 中时，SqlDataAdapter 使用 SqlCommand 和 SqlConnection 与数据库进行通信。SqlDataAdapter 在内部使用 SqlDataReader 获取结果，并将信息存储到 DataSet 的新行。SqlCommand 类的属性包括 SelectCommand、InsertCommand、UpdateCommand 和 DeleteCommand，分别对应数据库的查询、插入、更新和删除操作。

(3) 使用 New 关键字创建 SqlDataAdapter。New 关键字建立新的 SqlDataAdapter 对象后，再设置其 SqlCommand 属性。代码如下：

```
SqlDataAdapter SqlAdapter = new SqlDataAdapter();  -- 创建一个 SqlDataAdapter 对象
SqlAdapter.SelectCommand=cmd;  -- 设置 SqlDataAdapter 对象的 SelectCommand 属性为 cmd
```

(4) SqlDataAdapter 的构造函数。StrSql 是查询语句；StrConn 是数据库连接字符串；cmd 是 SqlCommand 对象；cn 是 SqlConnection 对象。

```
SqlDataAdapter SqlAdapter = new SqlDataAdapter(StrSql,StrConn);
SqlDataAdapter SqlAdapter = new SqlDataAdapter(StrSql,cn);
SqlDataAdapter SqlAdapter = new SqlDataAdapter(cmd);
```

使用 SqlDataAdapter 对象的基本步骤如下：

第一步，引用命名空间，即

```
using System.Data.SqlClient;
```

第二步，使用构造函数实例化适配器对象，即

```
SqlDataAdapter SqlAdapter=new SqlDataAdapter( 查询语句，连接对象 );
```

方法如下：

```
Fill( 数据集，表名 )                    // 将查询数据以指定表名填入数据集中
```

例如：

```
DataSet MyDataSet=new DataSet();        // 创建一个 Dataset 对象
SqlAdapter.Fill(MyDataSet, "MyTable");
```

例 9-2　SqlDataAdapter 对象示例。代码如下：

```
using System.Data.SqlClient;
String StrConn="Data Source=xwq123\SQLEXPRESS;Initial Catalog=studscore_wl;UserID=sa;
Password=xwq123; ";
SqlConnection SqlConn=new SqlConnection(StrConn);
String StrSql="select * from studinfo";
SqlDataAdapter SqlAdapter=new SqlDataAdapter(StrSql,SqlConn);
```

3) 数据集——DataSet

数据集是从数据源检索的记录的缓存，一般配合数据适配器 (DataAdapter) 使用，调用数据适配器的 Fill 方法填充数据集。

使用 DataSet 对象的基本步骤如下：

第一步，引用命名空间，即

```
using System.Data;
```

第二步，使用构造函数实例化数据集对象，即

```
DataSet MyDataSet=new DataSet();
```

属性如下：

```
Tables[ 表名 ]
```

例如：

　　using System.Data;

　　DataSet MyDataSet=new DataSet();

　　SqlAdapter.Fill(MyDataSet, "MyTable");

　　DataTable T_Studinfo=MyDataSet.Tables["MyTable"];

例 9-3　　DataSet 对象示例。代码如下：

　　using System.Data.SqlClient;

　　String StrConn="Data Source=xwq123\SQLEXPRESS;Initial Catalog=studscore_wl;UserID=sa; Password=xwq123; ";

　　SqlConnection SqlConn=new SqlConnection(StrConn);

　　String StrSql="select * from studinfo";

　　SqlDataAdapter SqlAdapter=new SqlDataAdapter(StrSql,SqlConn);

　　DataSet MyDataSet=new DataSet();

　　SqlAdapter.Fill(MyDataSet, "MyTable");

　　DataTable T_Studinfo=MyDataSet.Tables["MyTable"];

例 9-4　　SQL Server 数据表显示示例。代码如下：

　　using System.Data.SqlClient;　　　　　　　　　// 引用命名空间

　　...　　// 添加一个 DataGridView 控件，命名为 GrdInfo

　　string Strconn="Data Source=xwq123\SQLEXPRESS;Initial Catalog=studscore_wl; UserID=sa; Password=xwq123; ";

　　SqlConnection SqlConn=new SqlConnection(Strconn);

　　string StrSql="select * from studinfo";

　　SqlDataAdapter SqlAdapter=new SqlDataAdapter(StrSql,SqlConn);

　　DataSet MyDataSet=new DataSet();

　　SqlAdapter.Fill(MyDataSet, "MyTable");

　　GrdInfo.DataSource=MyDataSet.Tables["MyTable"];

4) 数据命令操作对象——Command

(1) 命令对象。Command 一般执行 select、insert、update、delete 命令。它必须与连接对象配合使用，且必须显示打开连接。

常用的数据命令对象有以下几种：

① SqlCommand：只适用于 SQL Server。

② OleDbCommand：适用于支持 Oledb 的任何数据源 (SQL Server、Access 等)。

③ OdbcCommand：适用于建立 ODBC 数据源。

④ OracleCommand：只适用于 Oracle 数据库。

Command 常用的属性和方法如表 9-2 所示。

表 9-2　Command 常用的属性和方法

Command 常用属性和方法	功　　能
CommandType 属性	指定 Command 对象的类型，Text 表示 Command 对象用于执行 SQL 语句，StoredProcedure 表示 Command 对象用于执行存储过程，TableDirect 表示 Command 对象用于直接处理某个表默认 Text
CommandText 属性	获取或设置对数据库执行的 SQL 语句
Connection 属性	获取或设置此 Command 对象使用的 Connection 对象的名称
ExecuteNonQuery 方法	返回影响的记录行数 (int 类型)
ExecuteReader 方法	返回 DataReader(数据集对象)，可以用 Fill() 方法填充到 DataSet 中来使用
ExecuteScalar 方法	返回 Sql 语句第一行、第一列的值

例如：

```
Int RCount=SqlCommand.ExecuteNonQuery();
```

当创建好一个 SqlCommand 对象之后，还要正确设置 SqlCommand 对象的属性才能使用。

(2) 使用 Command 对象的基本步骤。代码格式如下：

```
SqlCommand SqlComm=new SqlCommand( 命令文本，连接对象 )
```

例 9-5　SqlCommand 对象。代码如下：

```
string Strconn="Data Source=xwq123\SQLEXPRESS;Initial Catalog=studscore_wl;UserID=sa;
Password=xwq123; ";
SqlConnection SqlConn=new SqlConnection(Strconn);
SqlConn.Open();
string StrSql="insert into classinfo(classid,classname,classdesc) values('20070101', ' 计算机 07', ' 本班来自 5 个城市 ') ";
SqlCommand SqlComm=new SqlCommand(StrSql，SqlConn);
SqlComm.ExecuteNonQuery();
SqlConn.Close();
```

5) SqlDataReader 对象

DataReader 对象提供了顺序的、只读的方式读取 Command 对象获得的数据结果集。DataReader 对象有许多属性和方法，如表 9-3 所示。

表 9-3　DataReader 对象的属性和方法

DataReader 对象的属性和方法	功　　能
FieldCount 属性	表示记录中有多少字段
HasRows 属性	表示 DataReader 是否包含数据
IsClosed 属性	表示 DataReader 是否关闭
Close 方法	将 DataReader 对象关闭
GetDataTypeName 方法	取得指定字段的数据形态
GetName 方法	取得指定字段的字段名称
GetOrdinal 方法	取得指定字段名称在记录中的顺序
GetValue 方法	取得指定字段的数据
GetValues 方法	取得全部字段的数据
IsNull 方法	判断字段内容内是否为 NULL 值
Read 方法	读取记录中的数据

要想读取 DataReader 对象中的数据，就要用到 DataReader 对象的 Read 方法。由于 DataReader 对象每次只在内存缓冲区里存储结果集中的一条数据，因此要读取 DataReader 对象中的多条数据，就要用到迭代语句。

例 9-6　使用 SqlCommand 对象创建 SqlDataReader 对象。代码如下：

```
string StrSql="select * from clasinfo";

SqlCommand Sqlcomm=new SqlCommand(StrSql,SqlComm);

SqlDataReader SqlReader=SqlComm.ExecuteReader();
```

例 9-7　SqlDataReader 对象示例。添加一个 ListBox 控件，命名为 LstStudNo。代码如下：

```
String StrConn="Data Source=xwq123\SQLEXPRESS;Initial Catalog=studscore_wl;UserID=sa;
Password=xwq123; ";

SqlConnection SqlConn=new SqlConnection(StrConn);

SqlConn.Open();

string StrSql="select * from classinfo";

SqlCommand SqlComm=new SqlCommand(StrSql,SqlConn);

SqlDataReader SqlReader=SqlComm.ExecuteReader()；

LstStudNo.Items.Claer();

While(SqlReader.Read()){

LstStudNo.Items.Add(SqlReader["StudNo"].ToString());

}
```

```
SqlReader.Close();

SqlConn.Close();
```

2. C# 操作 SQL Server 数据库

在 Microsoft Visual Studio 官网下载 Visual Studio Community 2019，这是一个功能强大的集成开发环境，供学习者免费使用。进入 Visual Studio 安装程序，安装 Visual Studio Community 2019，如图 9-5 所示。安装结束，"安装"按钮名称变成"修改"按钮，如果需要卸载，则单击"更多"下拉菜单，选择"卸载"即可。

◆ 图 9-5　Visual Studio 安装界面

1) 创建新项目

操作步骤如下：

(1) 安装结束，重新启动计算机。再次进入 Visual Studio 安装程序，单击"启用"按钮，进入"打开"或"开始使用"界面，单击"创建新项目"按钮，如图 9-6 所示。

◆ 图 9-6　Visual Studio 开始使用界面

(2) 进入"创建新项目"界面，在"所有语言"处选择"C#"，在"所有平台"处选择"Windows"，在"所有项目类型"处选择"控制台"或"类库"，如图 9-7 所示，然后单击"下一步"按钮。

◆ 图 9-7 "创新建项目"界面

(3) 进入"配置新项目"界面，在"项目名称""位置""解决方案名称"处输入适当的内容，勾选"将解决方案和项目放在同一目录中"，如图 9-8 所示。然后单击"下一步"按钮。

◆ 图 9-8 "配置新项目"界面

(4) 单击"创建"按钮，等待项目创建过程完成，如图 9-9 所示。

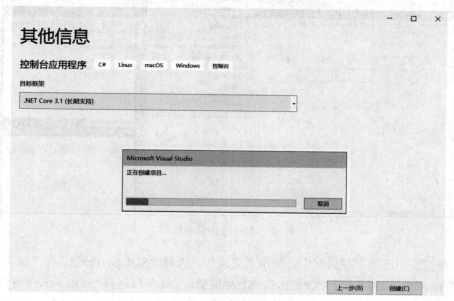

◆ 图 9-9　正在创建新项目界面

(5) 进入 C# 工作界面，如图 9-10 所示。

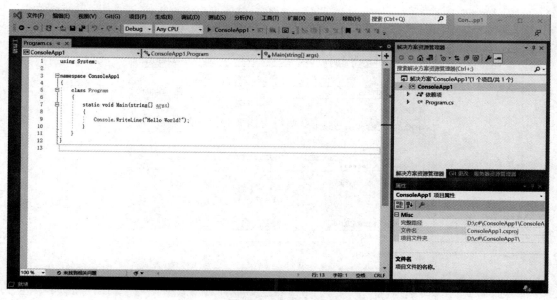

◆ 图 9-10　C# 工作界面

2) 使用 SQL Server

操作步骤如下：

(1) 在"工具"菜单下选择"连接到数据库"，如图 9-11 所示。

数据库SQL Server/SQLite 教程

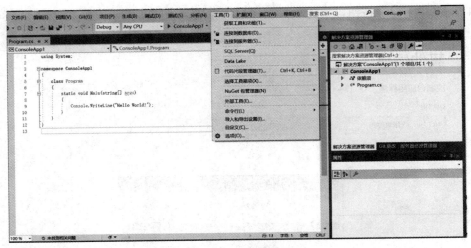

◆ 图 9-11　连接到数据库

(2) 在"添加连接"对话框中，单击"更改"，选择"SQL Server"。在"服务器名称"处输入名称，如 xwq123\SQLEXPRESS。在"身份验证"处可以选择"SQL Server 身份验证"，输入用户名和密码。在"选择或输入数据库名称"处选择"studscore_wl2"。最后单击"确定"按钮，如图 9-12 所示。

◆ 图 9-12　连接数据库

（3）在"服务器资源管理器"中显示"数据连接"信息，表明连接成功。

（4）在"工具"下选择"SQL Server"→"新建查询"，在"SQLQuery1.sql"文件窗口切换当前数据库到"studscore_wl2"，输入 SQL 语句，如"select * from books"，选定并单击"执行"按钮，显示查询结果，如图 9-13 所示。

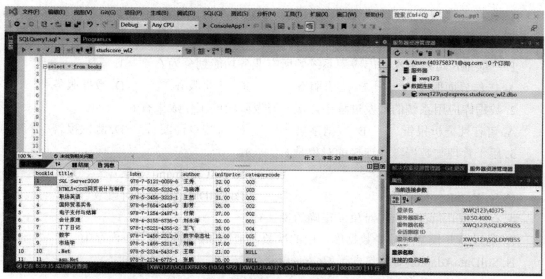

◆ 图 9-13　数据库查询结果

习　　题

一、填空题

1. 结合软件工程的思想，可将数据库设计分为 6 个阶段：_____阶段、概念结构设计阶段、逻辑结构设计阶段、_____阶段、数据库实施阶段以及_____阶段。

2. 结构化软件开发方法一般通过_____分析、_____技术和结构化程序技术来实现，分为_____、开发和维护 3 个阶段。

3. 软件测试的基本方法有_____法和_____法。

4. ADO 的_____类用于处理数据源的记录集，是在表中修改、检索数据的最主要的方法，由_____和_____组成。

5. 将查询数据以指定表名填入数据集中的方法是_____。

二、判断题

1. 需求分析常用的工具有数据流程图和 E-R 模型。（　　　）

2. C# 语言是一种面向对象的编程语言。（　　　）

3. B/S 结构和以后端为主的 C/S 结构，是一种"瘦客户机 / 胖服务器结构"。（　　　）

4. ADO 是高层数据库访问技术，相对于 ODBC 来说，具有面向对象的特点。（　　　）

三、选择题

1. 一般地，可以将数据库应用系统的所有业务功能划分为（　　　）。

A. 操作界面服务　　　　　B. 广告服务　　　　　C. 商业服务　　　　　D. 数据服务

2. 数据库应用系统的开发过程中，属于开发阶段的工作成果有（　　　）。

A. 可行性分析报告　　　　B. 数据字典　　　　　C. 结构设计图　　　　D. 测试报告

3. 用于管理与数据源的连接的对象是（　　　）。

A. SqlConnection 对象　　　　　　　　　　B. SqlCommand 对象

C. SqlDataReader 对象　　　　　　　　　　D. SqlDataAdapter 对象

4. 有关 SqlDataAdapter 对象，正确的说法有（　　　）。

A. 通过断开模型来减少数据库调用的次数，把读取的数据缓存在内存中

B. SqlDataAdapter 对象包含了 Connection 对象

C. 当写回数据库的时候，DataAdapter 会填充 DataSet 对象

D. SqlDataAdapter 对象包含 Command 对象引用

5. SqlConnection 对象访问一个数据源，先要建立一个到数据源的连接，这个连接里描述了（　　　）和连接数据库所需要的其他参数。

A. 数据库服务器的名字　　B. 数据库名字　　　　C. 用户名　　　　D. 密码

6. DataAdapter 对象提供的属性有（　　　）。

A. SelectCommand 属性　　　　B. InsertCommand 属性

C. DeleteCommand 属性　　　　D. UpdateCommand 属性

四、操作题

1. 写出"引用命名空间"的代码。

2. 假设服务器名是 xwq123\SQLEXPRESS，数据库名称是 studscore_wl2，用户是 sa，密码是 xwq123，试创建一个 SqlDataAdapter 对象。

五、实践题

在 Microsoft Visual Studio 官网下载 Visual Studio Community 2019，安装 Visual Studio，并创建一个新项目。连接本地数据库，并完成一条查询语句的操作。

要求：

选择 C# 语言，连接 SQL Server。

第 10 章　数据库管理维护与新技术

对数据库的管理维护至关重要。数据库的备份与还原、分离与附加、导入与导出是数据库维护的常用方法，当然对数据库的管理维护也离不开新的技术和方法。

▶▶ ⊙【思政案例】..

中国一代大国工匠的故事

据有关企业生命期的资料，寿命超过 200 年的企业，日本有 3146 家，为全球最多，德国有 837 家，荷兰有 222 家，法国有 196 家。为什么这些长寿的企业扎堆出现在这些国家，是一种偶然吗？他们长寿的秘诀是什么呢？他们都在传承着一种精神——工匠精神！我国正在加快步伐从"制造大国"向"制造强国"的行列迈进。在这个进程中，尤其需要工匠精神，作为青年一代，我们更需要弘扬和传播工匠精神。

"雕刻火药"的大国工匠徐立平，出身航天世家，一直为航天发动机固体动力燃料药面做微整形。在火药上动刀，稍有不慎蹭出火花，就可能引起燃烧爆炸。下刀的力道，完全要靠工人自己判断，药面精度直接决定导弹的精准射程。0.5 mm 是固体发动机药面精度允许的最大误差，而经徐立平之手雕刻出的火药药面误差不超过 0.2 mm，堪称完美。从青春岁月到年近半百，一个人偶然间能够镇定地面临一次致命危险并不难，29 年间天天面对致命危险，而能够守恒如常，实属不易。

"爆破王"彭祥华，中铁二局二公司隧道爆破高级技师，在软若豆腐的岩层间精准爆破，误差控制远小于规定的最小误差，被同事公认为"爆破王"。2015 年 6 月川藏铁路的拉萨至林芝段全面开工，彭祥华和工友们开凿的东嘎山隧道，地质基础是印度板块和欧亚板块的碰撞缝合带，在这样的地质构造带上挖隧道，几乎等于在掏潘多拉的盒子。彭祥华凭借多年分装炸药的经验，把装填药量的误差控制得远远小于规定的最小误差。

在我国自主制造大飞机的制造者行列中，钣金工王伟的经历颇有些传奇。20 世纪 80 年代，包括"运十"在内的一系列民用飞机生产线陆续下马，王伟也告别了上海飞机制造厂。离开制造厂后，王伟干过许多工种，但闲暇时，他还是会用木槌不停地敲击那块当初从厂里带走的金属板，日复一日，王伟的钣金手艺也越发精湛。2006 年自主设计制造大飞机列入国家核心战略规划，"C919"零部件里的舱体型材，舱门下部有一道轻微的弧线变化，这个用肉眼几乎看不出来的变化，要用手工敲打出来，难度可想而知。舱门的加工误差要求在 0.25 mm 以内，不仅在中国，即便是美国的波音、欧洲的空客飞机制造，也都是靠手工来实现的。王伟凭借过人的技艺，敲击的舱体与工装之间的缝隙，让九丝的量尺都无法通过，他已经将公差缩小到了接近标准公差的三分之一。

思考：

中国的工匠们用自己的行动践行工匠精神。在今后的学习及工作中，应具备怎样的工匠精神？

10.1 事务管理

事务处理是所有大中型数据库产品的一个关键问题，不同的事务处理方式会导致数据库性能和功能上的巨大差异。事务处理是数据库管理员与开发人员必须深刻理解的一个问题。

10.1.1 事务的概念

事务 (Transaction) 是并发控制的单位，是用户定义的一个操作序列。这些操作要么都做，要么都不做，是一个不可分割的工作单元。通过事务，SQL Server 能将逻辑相关的一组操作绑定在一起，以便服务器保持数据的完整性。最典型的一个例子就是银行的转账操作，在 A、B 两个账户之间只有完成全部操作才行，否则对银行和储户都将带来严重后果。

事务通常是以 Begin Transaction 开始，以 Commit 或 Rollback 结束。其中 Commit 表示提交，即将事务中所有对数据库的更新写回到磁盘上的物理数据库中，事务正常结束。Rollback 表示回滚，即在事务运行过程中发生了某种故障，事务不能继续进行，系统将事务中对数据库的所有已完成的操作全部撤销，回滚到事务开始的状态。

如果要在事务中存取多个数据库服务器中的数据 (包含执行存储过程)，就必须使用分布式事务 (Distributed Transaction)。分布式事务是指事务的参与者、支持事务的服务器、资源服务器及事务管理器分别位于不同的分布式系统的不同节点上。

10.1.2 执行事务的 3 种模式

执行事务通常有以下 3 种模式。

1. 自动提交事务

自动提交是系统默认的事务方式。对于用户发出的每一条 SQL 语句，SQL Server 都会自动开始一个事务，并且在执行后自动进行提交操作来完成这个事务。在这种事务模式下，一个 SQL 语句就是一个事务。

2. 显式事务

显式事务是指在自动提交模式下以 Begin Transaction 开始，以 Commit 或 Rollback 结束的一个事务。Begin Transaction 标记一个显式本地事务起始点。Begin Transaction 语句使 @@TRANCOUNT 自动加 1，Commit Transaction 语句使 @@TRANCOUNT 递减 1，Rollback Transaction 语句使 @@TRANCOUNT 递减至 0。@@TRANCOUNT 是一个全局变量，可返回当前连接中处于激活状态的事务数。

显式事务的语法格式如下：

```
begin tran[saction][transaction_name|@tran_name_variable[with mark['description']]]
```

参数说明：

(1) transaction_name 是给事务分配的名称，其命名要符合标识符命名规则，最大长度是 32 个字符。

(2) @tran_name_variable 是用 char、varchar、nchar 或 nvarchar 数据类型声明有效事务的变量的名称。

(3) with mark['description'] 指定在日志中标记事务。description 是描述该标记的字符串。如果使用了 with mark，则必须指定事务名。with mark 允许将事务日志还原到命名标记。

显式事务语句如表 10-1 所示。

表 10-1　显示事务语句

功　能	语　句
开始事务	begin tran[saction]
提交事务	commit tran[saction] 或 commit[work]
回滚事务	rollback tran[saction] 或 rollback[work]

例 10-1　假设银行账户表为 account(cardid,userid,accesstype,moneycount,balance)，用户表为 users(-userid,name,address,telephone)。转账事务处理代码语句如下：

```
create procedure trans_money
(
@fromaccount varchar(50),          -- 转出账号
@toaccount varchar(50),            -- 转入账号
@moneycount money                  -- 转账金额
)
as
if exists(select * from account where cardid=@fromaccount)
begin
if exists(select * from account where cardid=@toaccount)
begin
if(select balance from account where cardid=@fromaccount)>=@money_count
begin
                    -- 开始转账
```

```
begin transaction
insert into account(cardid，accesstype，moneycount) values(@fromaccount,-,@moneycount)
if @@error<>0
begin
rollback transaction          -- 发生错误则回滚事务，无条件退出
return
end
insert into account(cardid，accesstype，moneycount) values(@toaccount,+,@moneycount)
commit transaction            -- 两条语句都完成，提交事务
end
else
raiserror(' 转账金额不能大于该账号的余额 '，16,1)      --16 表示严重程度
end
else
raiserror(' 转入账号不存在！'，16,1)
end
else
riserror(' 转出账号不存在！'，16,1)
```

3. 隐式事务

当连接以隐性事务模式进行操作时，SQL Server 将在提交或回滚当前事务后自动启动新事务。无须描述事务的开始，只需用 Commit 提交或 Rollback 回滚每个事务。隐式事务模式可生成连续的事务链。

▌ 10.2　数据库安全管理

SQL Server 的安全性管理分为 3 个等级：操作系统级、SQL Server 级和数据库级。操作系统级的安全性是指用户通过网络使用客户计算机实现 SQL Server 服务器访问时，首先要获得计算机操作系统的使用权。SQL Server 级的安全性是指 SQL Server 的服务器级安全性建立在控制服务器登录账号和口令的基础上。SQL Server 采用标准 SQL Server 登录和集成 Windows NT 登录两种方式，无论使用哪种登录方式，用户在登录时提供的登录账号和口令都必须正确。数据库级的安全性是指在用户通过 SQL Server 服务器的安全性检验以后，将直接面对不同的数据库入口。

Microsoft SQL Server 对用户的访问要经过验证和授权两个阶段。验证是检验用户的身份标识，授权是允许用户做些什么。在验证阶段，Microsoft SQL Server 2008 R2 可以通过 SQL Server 账户或者 Windows 账户对用户进行验证。如果通过验证，则用户就可以连

接到 SQL Server 服务器，否则连接失败。在授权阶段，系统检查用户是否有访问服务器上数据的权限。

10.2.1 服务器安全管理

SQL Server 服务器有两种验证模式：Windows 验证模式和混合验证模式。

SQL Server 数据库系统通常运行在 NT 服务器平台或基于 NT 架构的 Windows 上。NT 作为网络操作系统，本身就具备管理登录及验证用户合法性的能力，因此 Windows 验证模式就是利用用户安全性和账号管理的机制，允许 SQL Server 使用 NT 的用户名和口令。当用户试图登录到 SQL Server 时，从 NT 或 Windows 的网络安全属性中获取登录用户的账号和密码，并验证其合法性。

在混合验证模式下，Windows 验证和 SQL Server 验证都是可用的。NT 的用户既可以使用 NT 验证，也可以使用 SQL Server 验证。如果在安装过程中选择混合验证模式，则必须为名为 SA 的内置 SQL Server 系统管理员账户提供一个强密码并确认该密码。SA 账户使用 SQL Server 身份验证进行连接。

在 SSMS 中设置验证模式的步骤如下：

(1) 在"对象资源管理器"中，选择相应的服务器，右击鼠标弹出快捷菜单，选择"属性"命令，打开"服务器属性"对话框，选择"安全性"选项，进入设置页面，如图 10-1 所示。

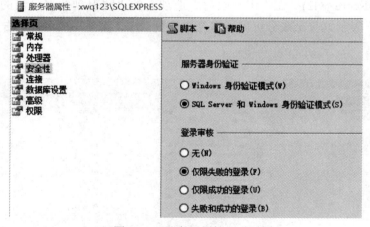

◆ 图 10-1 "服务器属性"对话框

(2) 在"服务器身份验证"中设置需要的模式，最后单击"确定"按钮，完成设置。

在 SQL Server 中有两种账号，其一是登录服务器的登录账号 (Login Name)，其二是使用数据库的用户账号 (User Name)。在 SSMS 的"对象资源管理器"中展开"安全性"节点，再展开"登录名"节点，即可看到系统的登录账号，其中 SA 是超级管理员账号，允许 SQL Server 的系统管理员登录，如图 10-2 所示。

在图 10-2 中，右击"登录名"，弹出快捷菜单，选择"新建登录名"，可以创建使用 Windows 身份验证的 SQL Server 登录名，或使用 SQL Server 身份验证的 SQL Server 登录名。

◆ 图 10-2　服务器登录账号

在登录名（如 LAPTOP-03Q4URED\40375）上右击，弹出快捷菜单，选择"属性"命令，弹出"登录属性"对话框。在"常规"选项卡的"默认数据库"中可选择需要经常使用的数据库（如 studscore_wl2）；在"用户映射"选项卡的"映射到此登录名的用户"下勾选相应的数据库，表示该登录账号可以访问勾选的数据库。设置完成后，单击"确定"按钮，如图 10-3 所示。

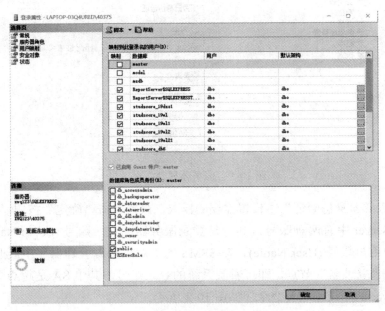

◆ 图 10-3　"登录属性"对话框

10.2.2　数据库用户安全管理

在 SQL Server 服务器配置了身份验证模式并创建了登录账户以后，还需要授予它们合适的数据库访问权限，也就是将每个需要访问数据库的登录账户映射到一个数据库的用户。数据库用户是数据库级的主体，是登录账户在数据库中的映射，是在数据库中执行操作和活动的行动者。

一个登录名可对应多个用户，一个用户也可以被多个登录名使用。

1. 特殊的数据库用户

每个数据库都有一个 dbo 用户 (database owner)，而且不能删除，dbo 可以在数据库范围内执行一切操作。每个 SQL Server 服务器登录账户在其创建的数据库中都映射为 dbo 用户，sa 是所有系统数据库的拥有者，因此 sa 映射为所有系统数据库的 dbo 用户。

如果没有为一个登录名指定数据库用户，则登录时系统将该登录名映射成 guest 用户。每个数据库都有一个 guest 用户，默认情况下该用户没有任何权限，而且需要启用该用户然后才能使用。

2. 创建数据库用户

使用菜单方式创建数据库用户，步骤如下：

(1) 在"对象资源管理器"中，展开"数据库"节点，展开某一数据库，展开"安全性"节点，展开"用户"节点，如图 10-4 所示。在用户名上右击，弹出快捷菜单，选择"新建用户"命令，弹出"数据库用户 - 新建"对话框。

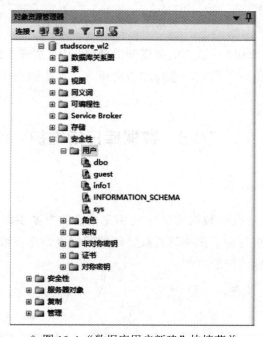

◆ 图 10-4 "数据库用户新建"快捷菜单

(2) 在"用户名"处输入数据库用户名 (如 stud)，在"登录名"框内选择已经创建的登录账号，在"默认架构"处选择 dbo 架构，在"数据库角色成员身份"处勾选"db_owner"，然后单击"确定"按钮，完成数据库用户的创建，如图 10-5 所示。

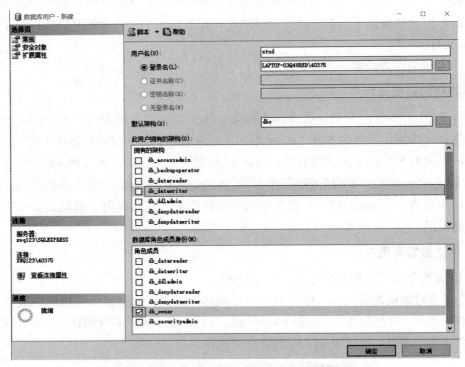

◆ 图 10-5 "数据库用户–新建"对话框

(3) 查看、删除数据库用户。在"对象资源管理器"中，展开"数据库"节点，展开"安全性"文件夹，展开"用户"节点，选择相应的用户，右击弹出快捷菜单，选择"删除"命令，删除用户。

10.3 数据库日常维护

10.3.1 数据库备份与还原

数据库备份与还原是维护数据库安全性和完整性的重要手段。备份是对 SQL Server 数据库及其他相关信息进行拷贝保存的过程。还原即恢复，是将数据库备份进行装载，并应用事务日志重建数据库操作的过程。

1. 数据库备份

1) 备份的内容和类型

(1) 备份的内容。备份的内容包括数据库、事务日志和文件 3 种。其中：

数据库又分为系统数据库和用户数据库。系统数据库主要是记录系统信息和用户数据库信息的 master、msdb 和 model 等数据库。用户数据库存放用户的业务数据，对用户而言，用户数据库的备份是非常重要的。

(2) 备份的类型。备份的类型包括完全备份、差异备份、事务日志备份、文件和文件组备份 4 种。

① 完全备份是备份整个数据库，包含用户表、系统表、索引、视图和存储过程等所有数据库对象，是最安全最保险的备份类型。一般说，完全备份应定期进行。

② 差异备份也称增量备份，只备份上一次数据库备份以后发生更改的数据。其优点是存储和恢复速度快，一般是每天做一次差异备份。

③ 事务日志备份就是对数据库发生的事务进行备份。只有完整恢复模式和大容量日志恢复模式下才会有事务日志备份。

④ 文件和文件组备份是一种文件拷贝，如果数据库发生故障，将备份文件直接覆盖原文件和文件组就可以了。

2) 备份操作

(1) 使用菜单方式进行数据库备份。

操作步骤如下：

① 在"对象资源管理器"中，展开"数据库"节点，选择数据库，右击弹出快捷菜单，选择"任务"命令，弹出下一级菜单，选择"备份"命令，如图 10-6 所示。

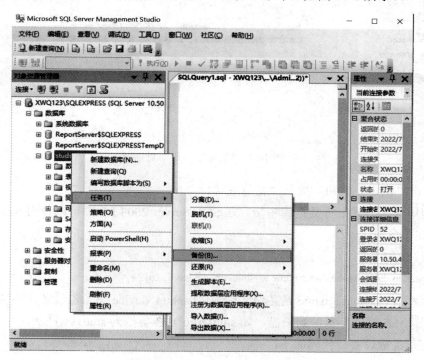

◆ 图 10-6　数据库"备份"快捷菜单

② 在数据库备份对话框中，在"源""备份集"和"目标"栏处进行选择或添加的操作，如备份数据库"studscore_wl2"。

在"源"栏，在"数据库 (T)"处选择"studscore_wl2"，"备份类型"处选择"完整"，"备份组件"处点选"数据库 (B)"。

在"备份集"栏，在"名称 (N)"处选择"studscore_wl2- 完整 数据库 备份"，点选"晚于 (E)"。

在"目标"栏，在"备份到"处点选"磁盘"，单击"添加"按钮，输入备份文件名字和地址，如图 10-7 所示。

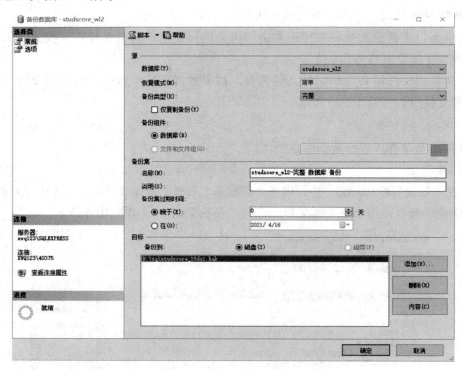

◆ 图 10-7 "数据库备份"对话框

③ 单击"确定"按钮，提示"备份成功！"。

(2) 使用代码方式进行数据库备份。在 SQL Server 2008 R2 中可以使用 backup 命令完成数据库完整备份。

语法格式如下：

```
backup database database_name to <backup_device>[,...n]
```

参数说明：database_name 是备份文件名；backup_device 是备份设备，不要加引号。

例 10-2　直接完整备份到磁盘。如 studscore_wl2 备份为 stud19wl.bak。

(1) 创建备份设备。代码如下：

```
sp_addumpdevice 'disk', 'bookstoreback', 'D:\sq\stud19wl.bak'
```

(2) 完整备份。代码如下：

```
backup database studscore_wl2 to bookstoreback
```

或者

```
backup database studscore_wl2 to disk='D:\sq\stud19wl.bak'
```

(3) 事务日志备份。代码格式如下：

```
back log 数据库名 to 备份设备 ( 逻辑名 | 物理名 )
```

说明：当恢复模式为 simple 时，不允许使用 back log 语句。在数据库的属性中修改"选项"页的恢复模式，选择"完整"即可使用 back log 语句。在完成数据库备份的情况下，才能进行事务日志备份。

例 10-3　在完成数据库备份的情况下，完成 studscore_wl2 的事务日志备份。

代码如下：

```
backup database studscore_wl2 to disk='D:\sq\stud19wl.bak'

backup log studscore_wl2 to disk='D:\sq\stud19wl.bak'
```

2. 数据库还原

数据库还原操作步骤如下：

(1) 右击数据库，弹出菜单，选择"还原 ..."，选择还原"数据库"，进入"还原数据库"对话框。

(2) 在"还原数据库"对话框中输入目标数据库的名称，即没有使用过的数据库名称，在"源设备"处选择用于还原的备份文件。在"还原"处勾选复选框，然后单击"确定"按钮，还原成功，如图 10-8 所示。

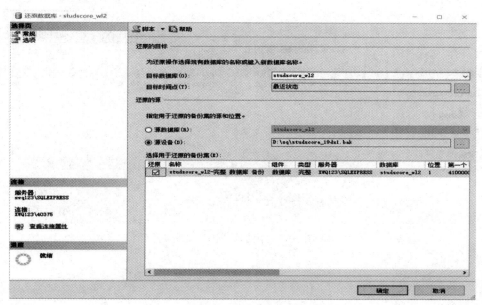

◆ 图 10-8　"还原数据库"对话框

10.3.2 数据库分离与附加

用户可以分离数据库的数据文件和日志文件，并将其附加于同一或其他数据库服务器上。数据库的分离和附加过程是一对反向操作，经常使用这一方法实现数据库在不同数据库服务器之间的移动。

1. 分离

在"对象资源管理器"中，展开"数据库"节点，右击某一数据库弹出快捷菜单，选择"任务"命令，弹出下一级菜单，选择"分离"命令。在"分离数据库"对话框中单击"确定"按钮，此时在 SSMS 中就看不到该数据库了。

2. 附加

在"对象资源管理器"中，右击"数据库"节点，弹出快捷菜单，选择"附加"命令。在"附加数据库"对话框中选择数据库的主文件，单击"确定"按钮，返回对话框，如图 10-9 所示。然后单击"确定"按钮，完成数据库附加操作。

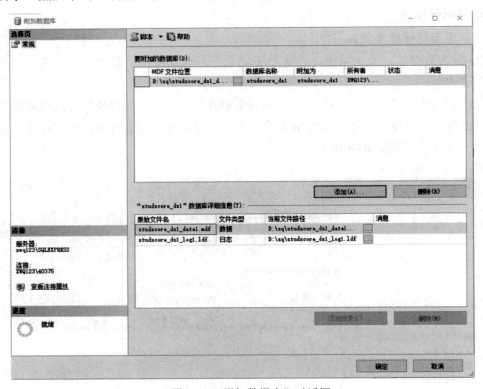

◆ 图 10-9 "附加数据库"对话框

10.3.3 数据导入和导出

数据导入和导出是 SQL Server 与外部系统之间进行数据交换的手段。通过导入和导出操作，可以实现 SQL Server 和其他异类数据源 (如电子表格 Excel、Access、Oracle 数据库等) 之间的数据传输。导入是将数据从数据文件加载到 SQL Server 表，导出是将数据从 SQL Server 表复制到数据文件。

1. 导入

在 SQL Server 2008 R2 的 SSMS 中，使用"导入向导"工具可以完成从其他数据源向 SQL Server 数据库导入数据的操作。

操作步骤如下：

(1) 在"对象资源管理器"中展开"数据库"节点，右击某一个数据库，然后从快捷菜单中选择"任务"下的"导入数据"选项，弹出"导入数据"对话框，单击"下一步"按钮。

(2) 在"选择数据源"对话框中，选择要导入数据源的类型。如在数据源选择"Microsoft Excel"，单击"浏览"按钮选择要导入数据文件的路径和文件名，勾选"首行包含列名称"复选框，单击"下一步"按钮，如图 10-10 所示。

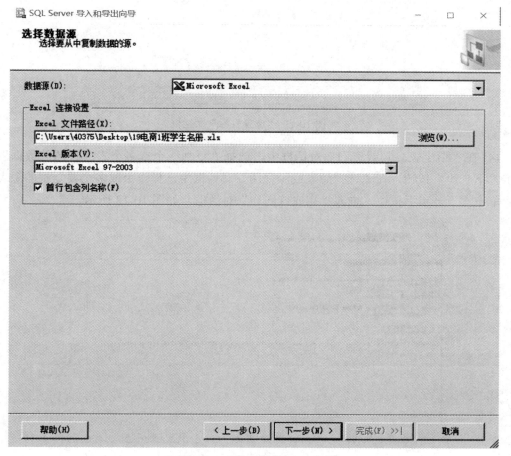

◆ 图 10-10　"选择数据源"对话框

(3) 在"选择目标"对话框中，指定将数据复制到何处。在"目标"处选择"SQL Server Native Client 10.0"；在"服务器名称"处选择具体的服务器名称及身份验证方法，如 XWQ123\SQLEXPRESS；在"数据库"列表中选择某一数据库。然后单击"下一步"按钮，如图 10-11 所示。

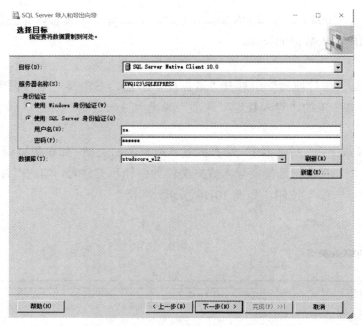

◆ 图 10-11 "选择目标"对话框

(4) 在"指定表复制或查询"对话框中，选择"复制一个或多个表或视图的数据"。单击"下一步"按钮，在"选择源表或源视图"对话框中选择一个或多个要复制的源表，然后单击"下一步"按钮，进入"完成该向导"对话框，如图 10-12 所示。

◆ 图 10-12 "完成该向导"对话框

(5) 显示执行成功，如图 10-13 所示。

◆ 图 10-13　数据导入执行成功

2. 导出

数据导出是将数据库中的数据表或视图中的数据导出为其他数据格式。数据导出的过程与数据导入的过程类似。

例如，将 orderitems 表的数据导出。经过"选择数据源"→"选择目标"→"指定表复制或查询"→"选择源表和源视图"→"查看数据类型映射"→运行包等过程的操作，最后显示执行成功，如图 10-14 所示。

◆ 图 10-14　数据导出执行成功

10.4   数据库新技术

10.4.1   分布式数据库

随着数据库技术的日趋成熟、计算机网络技术的飞速发展和应用范围的扩充，数据库应用已经非常普遍。20 世纪 90 年代以来，以分布式为主要特征的数据库系统进入商品化应用阶段。

分布式数据库系统 (Distributed DataBase System，DDBS) 包含分式数据库管理系统 (DDBMS) 和分布式数据库 (DDB)。在分布式数据库系统中，一个应用程序可以对数据库进行透明操作，数据库中的数据分别在不同的局部数据库中存储、由不同的 DBMS 进行管理、在不同的机器上运行、由不同的操作系统支持、被不同的通信网络连接在一起。

1. DDBS 的基本概念

分布式数据库系统就是物理上分散而逻辑上集中的数据库系统。随着计算机网络技术的飞速发展，DDBS 日趋成为数据库领域的主流方向。

"分布计算"概念突破了集中式 DBS 的框架，数据分布使系统走上分布式数据库的道路，功能分布使系统走上 C/S 道路。这是 DBS 的两个发展方向，如图 10-15 所示。

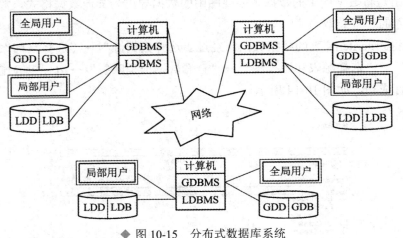

◆ 图 10-15   分布式数据库系统

2. DDBS 的优缺点

分布式数据库系统适合于单位分散的部门，允许各个部门将其常用的数据存储在本地，实施就地存放本地使用，从而提高响应速度，降低通信费用。

DDBS 的优点如下：

(1) 每个站点 (Site) 自身具有完全的本地 DBS，经济性能优越，且响应速度快。

(2) 所有站点协同工作，组成了一个逻辑上的统一数据库。

(3) 站点数据由分布式 DBMS(DDBMS) 管理，灵活且可扩展性好。

(4) 本地应用和本地用户只访问其所注册的那个站点上的数据，可靠性高，可用性好。

(5) 全局应用和全局用户访问涉及多个站点上的数据。

DDBS 的缺点如下：

(1) 系统开销大。系统开销主要花在通信部分。

(2) 存取结构复杂。原来在集中式系统中有效存取数据的技术，在分布式系统中都不再适用。

(3) 数据的安全性和保密性较难处理。

3. 主流的分布式数据库产品

主流的分布式数据库产品有基于 Hadoop 的分布式数据库产品 Greenplum、基于列存储的数据库产品 Vertica、为数据仓库设计的关系型数据库产品 SybaseIQ(15.4) 等。

SybaseIQ(15.4) 采用业内领先的 MPP 列式数据库和最先进的数据库内分析技术，并革命性地加入了 MapReduce 与 Hadoop 集成，以应对大数据时代的分析挑战。

10.4.2　NoSQL 数据库

为弥补关系数据库的不足，出现了 NoSQL 数据库。

NoSQL 是 Not Only SQL(非关系型数据库) 的缩写，即不使用传统的关系数据模型，而是使用如 key-value 存储、文档型、列存储、图形数据库等方式存储数据的数据库技术。

1. 新需求与关系数据库的局限性

新需求与关系数据库的局限性如下：

(1) 对数据库高并发读写的需求。

(2) 对海量数据的高效率存储和访问的需求。

(3) 对数据库的高可扩展性和高可用性的需求。

(4) 数据库事务一致性需求。

(5) 数据库的写实时性和读实时性需求。

(6) 对复杂的 SQL 查询，特别是多表关联查询的需求。

2. NoSQL 数据库的特点

NoSQL 数据库的特点如下：

(1) 可以处理超大量的数据。

(2) 通常运行在便宜的 PC 服务器集群上。

(3) 高性能。

(4) 没有过多的操作。

(5) Bootstrap 支持。

3. NoSQL 数据库系统实现技术

NoSQL 是非关系型数据存储的广义定义。NoSQL 数据库种类繁多，但是它们都有一个共同的特点，即都可以去掉关系数据库的关系型特性。NoSQL 数据库系统的实现方式有以下几种：

(1) 基于 key-value 存储的 NoSQL 数据库，如 Memcached、Tokyo Tyrant、Flare、ROMA、Redis 等。

(2) 基于文档存储的 NoSQL 数据库，如 MongoDB、CouchDB 等。

(3) 基于列存储的 NoSQL 数据库，如 Cassandra、Hbase、HyperTable 等。

习　　题

一、填空题

1. 执行事务时，开始事务使用_____语句，提交事务使用_____语句，回滚事务使用_____语句。

2. 每个数据库都有一个_____用户 (Database Owner)，而且不能删除，可以在数据库范围内执行一切操作。

3. 数据库的_____和_____过程是一对反向操作，经常使用这一方法实现数据库在不同数据库服务器之间的移动。

4. SQL Server 中的 raiserror(' 转入账号不存在！ '，16,1) 的功能是显示错误信息，第二个参数表示_____，第三个参数表示_____，默认为_____。

二、判断题

1. 通过事务，SQL Server 能将逻辑相关的一组操作绑定在一起，以便服务器保持数据的完整性。（　　　）

2. 分布式事务是指事务有参考者、支持事务的服务器、资源服务器及事务管理器分别位于不同的分布式系统的不同节点上。（　　　）

3. SQL Server 验证就是当用户试图登录到 SQL Server 时，从 NT 或 Windows 的网络安全属性中获取登录用户的账号和密码，并验证其合法性。（　　　）

4. SA 账户使用 Windows 身份验证进行连接。（　　　）

5. 在混合验证模式下，Windows 验证和 SQL Server 验证都是可用的。（　　　）

三、选择题

1. 最安全、最保险的备份类型是 ( )。

A. 完全备份   B. 事务日志备份   C. 差异备份   D. 文件和文件组备份

2. SQL Server 的安全性管理等级分为 ( )。

A. 操作系统级   B. SQL Server 级   C. 数据库级   D. 用户级

四、操作题

1. 为数据库 studscore_wl2 创建一个数据库用户 stud。

要求：写出操作步骤。

2. 对数据库 studscore_wl2 使用代码方式进行数据库备份。

要求：写出代码。

3. 对数据库 studscore_wl2 使用代码方式进行事务日志备份。

要求：写出代码。

五、实践题

1. 对数据库 studscore_db 使用菜单方式进行数据库备份和恢复操作。

要求：写出操作的步骤。

2. 将电子表格 Excel 文件导入 SQL Server 的数据库 studscore_wl1 中。同时，将 studscore_ds1 中的 studentinfo、studscoreinfo、course 等表中的数据导出到一个 Excel 表格中。

要求：查看导入和导出的结果，检查是否正确。

第 11 章　SQLite 数据库操作

SQLite 是世界上部署最广泛的 SQL 数据库引擎。它是由 D. Richard Hipp 在 2000 年 5 月发布，实现了自给自足的、无服务器的、零配置的、事务性的 SQL 数据库引擎。SQLite 是一款轻量级的开源的嵌入式数据库，已经在很多嵌入式产品中使用，能够支持 Windows/Linux/UNIX 等主流操作系统，同时能够和很多程序语言相结合，如 Python、Java、C#、PHP 等。它具有 ODBC 接口，比起 MySQL、PostgreSQL 这两款开源的世界著名的数据库管理系统，它的处理速度比它们都快，已经广泛应用于消费电子、医疗、工业控制、军事等各种领域。

▶▶ 【思政案例】..

章鱼的边缘计算

章鱼是地球上最魔性的动物。2016 年 4 月，新西兰国家水族馆一只名为"Inky"的章鱼从半开的水族缸里爬了出来，走过房间并钻入一个排水口，穿过 50 米长的水管之后，回到了外海中。Inky 的成功"越狱"再次向我们证明：章鱼是地球上最聪明的生物类群之一。章鱼不仅可连续 6 次往外喷射墨汁，而且还能够像最灵活的变色龙一样，改变自身的颜色和构造，变得如同一块覆盖着藻类的石头，然后突然扑向猎物，而猎物根本没有时间意识到发生了什么事情。

章鱼的确很聪明，很特别，但这些与边缘计算有什么关系呢？其实，章鱼就是用"边缘计算"来解决实际问题的。作为无脊椎动物，章鱼拥有巨量的神经元，但 60% 的神经元分布在章鱼的 8 条腿(腕足)上，脑部仅有 40% 的神经元。章鱼在捕猎时异常灵巧迅速，腕足之间配合极好，从不会缠绕打结。这得益于它们类似分布式计算的"多个小脑＋一个大脑"。边缘计算也属于一种分布式计算：在网络边缘侧的智能网关上就近处理采集到的数据，而不需要将大量数据上传到远端的核心管理平台。

边缘计算是一种分散式运算的架构，将应用程序、数据资料与服务的运算由网络中心节点移往网络逻辑上的边缘节点来处理。边缘计算将原本完全由中心节点处理的大型服务加以分解，切割成更小且更容易管理的部分，分散到边缘节点去处理。边缘节点更接近于用户终端装置，可以加快资料的处理与传送速度，减少延迟。边缘计算就是在靠近数据源头的地方提供智能分析处理服务的，它能够减少时延，提升效率，提高安全隐私保护。

边缘计算的发展前景广阔，被称为"人工智能的最后一公里"，但它还在发展初期，有许多问题需要解决，如框架的选用、通信设备和协议的规范、终端设备的标识、更低延迟的需求等。随着 IPv6 及 5G 技术的普及，其中的一些问题将被解决，虽然这是一段不短的历程。

边缘计算有以下优势：

优势一：更多的节点来负载流量，使得数据传输速度更快。

优势二：更靠近终端设备，传输更安全，数据处理更实时。

优势三：更分散的节点相比云计算故障所产生的影响更小，还解决了设备散热问题。

云计算是人和计算设备的互动，而边缘计算则属于设备与设备之间的互动，最后再间接服务于人。边缘计算可以处理大量的即时数据，而云计算最后可以访问这些即时数据的历史或者处理结果并做汇总分析。边缘计算是云计算的补充和延伸。

腾讯云的物联网边缘计算平台 (IOT Edge Computing Platform) 能够快速地将腾讯云的存储、大数据、人工智能、安全等云端计算能力扩展至海量的边缘设备 (如智慧工厂的机械手臂、摄像头等)，在本地提供实时数据采集分析，建立工厂分析模型，感知并降低环境和生产过程中的风险，以提升生产效率，降低生产成本。

思考：

1. 如何理解"边缘计算"？看看章鱼的特性。

2. 概述我国"边缘计算"的现状。

▌ 11.1　SQLite 概述

SQLite 是一款轻量级的开源的嵌入式数据库，由 D. Richard Hipp 在 2000 年 5 月发布。如果要开发小型的应用，或者想做嵌入式开发，没有合适的数据库系统，那么就可以考虑使用 SQLite。由于使用方便，性能出众，因此 SQLite 广泛应用于消费电子、医疗、工业控制、军事等领域。

与其他数据库管理系统不同，SQLite 不是一个 C/S 结构的数据库引擎，而是被集成在用户程序中的。SQLite 是由 C 和 C++ 实现的，可以从 C/C++ 程序中使用 sqlite3.h 库，还有一个 Python 模块叫作 PySQLite。PHP 从 PHP5.0 开始包含了 SQLite，但是自 5.1 版之后开始成为一个延伸函式库。Rails2.0.3 将缺省的数据库配置改为 SQLite 3。Android 自带的数据库系统就是 SQLite。

1. SQLite 的特点

SQLite 的主要特点如下：

(1) 体积小：在嵌入式设备中，最低只需要几百千字节的内存就可以运行 SQLite。

(2) 性能高：SQLite 对数据库的访问性能很高，其运行速度比 MySQL 等开源数据库要快很多。

(3) 可移植性强：SQLite 能支持各种 32 位和 64 位体系的硬件平台，也能在 Windows、Linux、BSD、MacOS、Solaries 等软件平台中运行。

(4) SQL 支持：SQLite 支持 ANSI SQL92 中的大多数标准，提供了对子查询、视图、触发器等机制的支持。

(5) 接口：SQLite 为 C、Java、PHP、Python 等多种语言提供了 API 接口，所有的应用程序都必须通过接口访问 SQLite 数据库。

2. SQLite 的组件

SQLite 由 SQL 编译器、内核、后端以及附件等部分组成。SQLite 通过利用虚拟机和虚拟数据库引擎 (VDBE)，使调试、修改和扩展 SQLite 的内核变得更加方便。SQLite 组件的详细介绍如下：

(1) 数据库引擎。数据库引擎是 SQLite 的核心，负责运行中间代码，指挥数据库的具体操作。

(2) 编译器。编译器由词法分析、语法分析和中间代码生成 3 个模块组成。其中，词法分析模块和语法分析模块负责检查 SQL 语句的语法，然后把生成的语法树传递给中间代码生成模块。中间代码生成模块负责生成 SQLite 引擎可以识别的中间代码。

(3) 后台。后台由 B 树、页缓存和系统调用 3 个模块组成。其中，B 树负责维护索引，页缓存负责页面数据的传送，系统调用负责和操作系统交互，最终实现数据库的访问。

▌ 11.2　SQLite 基本操作

11.2.1　SQLite3 的下载与数据类型

1. 下载并启动

SQLite3 是目前最新的 SQLite 版本，可以从 http://www.sqlite.org/download.html 网站上下载 SQLite3 的源代码。下载完成后，解压到某一盘符下，双击"sqlite3.exe"，启动 SQLite，如图 11-1 所示。

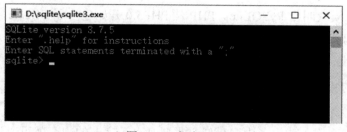

◆ 图 11-1　启动 SQLite

2. SQLite3 支持的基本数据类型

大多数的数据库引擎 (除了 SQLite 的每个 SQL 数据库引擎) 都使用静态的和刚性的类型。使用静态类型，数据的类型就由它的容器决定。SQLite 使用一个更一般的动态类型系统。在 SQLite 中，值的数据类型与值本身相关，而不是与它的容器相关，是一种弱数据类型。

(1) .NULL——blob(数据块), 值是 Null。SQLite 没有单独的布尔存储类型，它使用 INTEGER 作为存储类型，0 为"false"，1 为"true"。SQLite 没有另外为存储日期和时间设定一个存储类集，内置的 SQLite 日期和时间函数能够将日期和时间以 TEXT、REAL 或 INTEGER 形式存放。

(2) .INTEGER——int，值是有符号整型。

(3) .REAL——float、double，值是浮点型。

(4) .TEXT——char、varchar，值是文本字符串。

(5) .NUMERIC——其余的情形。

SQLite3 数据库中的任何列，除了整型主键列，可以用于存储任何一个存储列的值。SQL 语句中的所有值，不管它们是嵌入在 SQL 文本中或者是作为参数绑定到一个预编译的 SQL 语句，它们的存储类型都是未定的。

11.2.2　SQLite3 的使用

1. 版本

在 Windows 平台下，打开 DOS 窗口，切换到含有刚解压的 sqlite3.exe 的目录下，如 d:\sqlite>sqlite3 -version 后回车，将出现对应的版本号信息。

2. 数据库的创建与查询

1) 命令创建

假设需要使用一个 test.db 数据库，只需在命令行下输入"sqlite3 test.db"即可。如果数据库 test.db 已经存在，则命令"sqlite3 test.db"会在当前目录下打开 test.db；如果数据库 test.db 不存在，则命令在当前目录下新建数据库 test.db。

为了提高效率，SQLite3 并不会马上创建 test.db，而是等到第一个表创建完成后才会在物理上创建数据库。

2) 数据库的查询

使用".database"命令可以查询所使用的数据库，如图 11-2 所示。

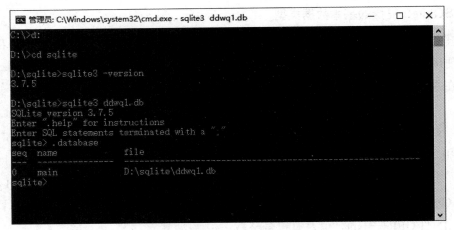

◆ 图 11-2　版本和数据库

3) 菜单创建

打开 SQLite Studio，单击"添加数据库"按钮。单击绿色的"+"表示新建一个数据库，单击文件夹符号表示打开一个现有的数据库。在"文件"处输入完整的路径和文件名，然后单击"OK"按钮，如图 11-3 所示。

◆ 图 11-3　启动 SQLite Studio 创建数据库

3. 表的创建

由于 SQLite3 是弱类型的数据库，因此在 create 语句中并不要求给出列的类型。另外注意，所有的 SQL 指令都是以分号 (;) 结尾的。如果遇到两个减号 (--) 则代表注解，SQLite3 会略过去。

表的创建过程如下：

(1) 在数据库 ddwq1 中新建表 tb1，数据库 ddwq2 中新建表 tb2。

(2) 设置表的结构。在"Table name:"处输入表名"tb1""tb2"。

单击"Structure"选项，再单击"添加字段"按钮，依次添加字段及其类型、长度等。然后，单击"√"按钮，如图 11-4、图 11-5 所示。

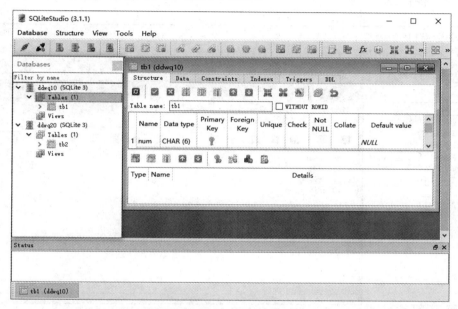

◆ 图 11-4　启动 SQLiteStudio 创建表

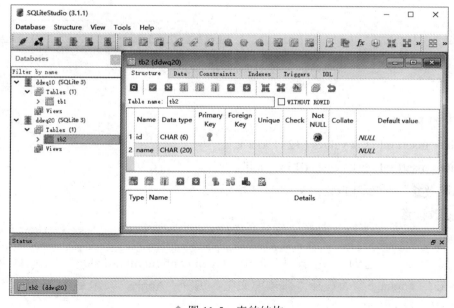

◆ 图 11-5　表的结构

4. 添加数据

在 tb2 中,单击"Data"选项,再单击"+"按钮,依次添加 3 条记录。

1) 菜单命令

在 SQLite Studio 中添加数据,如图 11-6 所示。单击"+"添加一行,数据输入结束,单击"√"保存。

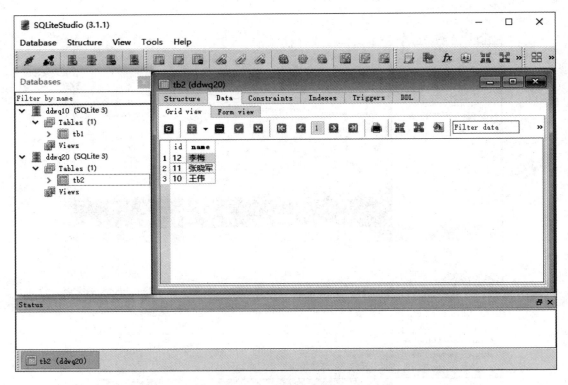

◆ 图 11-6　添加表的数据

2) 插入命令

插入如下命令:

sqlite> insert into tb1 values ('12', 'kkk');

sqlite> insert into tb1 values ('13', 'mjjj');

单击"🔄"(刷新)按钮,如图 11-7 所示。

5. 修改设置

1) 中文界面

选择"tools"选项,选择并单击"Open configuration dialog",选择"Look & feel",在"Language"处选择"简体中文",选择"Apply",最后单击"OK"按钮,将界面外观设置为中文。

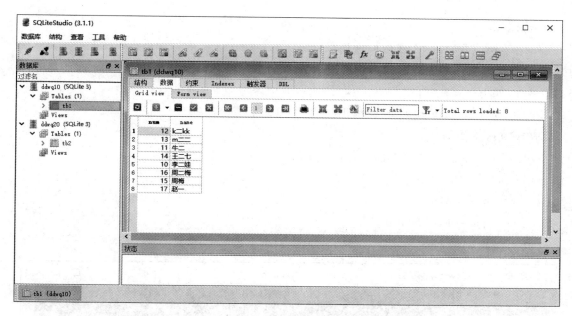

◆ 图 11-7 "刷新"按钮

2) UTF-8 编码

在 CMD 窗口中输入"chcp 65001"后回车确定。注意 65001 是 Unicode (UTF-8) 65001 的编码设置。

6. 查询

1) 相关模糊查询的知识

(1) %：表示任意 0 个或多个字符，可匹配任意类型和长度的字符，有些情况下若是中文，可使用两个百分号 (%%) 表示。

(2) _：表示任意单个字符，可匹配单个任意字符，它常用来限制表达式的字符长度语句。

(3) [ ]：表示括号内所列字符中的一个 (类似正则表达式)，可指定一个字符、字符串或范围，要求所匹配对象为它们中的任一个。

(4) [^]：表示不在括号所列之内的单个字符，其取值和 [] 相同，但它要求所匹配对象为指定字符以外的任一个字符。

2) 查询操作

(1) 脚本命令方式。

例 11-1　把 name 为"张三""张猫三""三脚猫""唐三藏"等有"三"的记录全部找出来。

代码如下：

```
select * from [user] where name like '% 三 %';
```

例 11-2　只找出"唐三藏"这样 name 为三个字且中间一个字是"三"的记录。

代码如下：

> select * from [user] where name like '_ 三 _';

例 11-3　找出"张三""李三""王三"（而不是"张李王三"）。

代码如下：

> select * from [user] where name like '[张李王] 三';

(2) DOS 命令方式。

例 11-4　在 cmd 下，查询表 tb1 的数据。

代码如下：

> d:\sqlite>.table
>
> d:\sqlite>select * from tb1;

运行结果如图 11-8 所示。

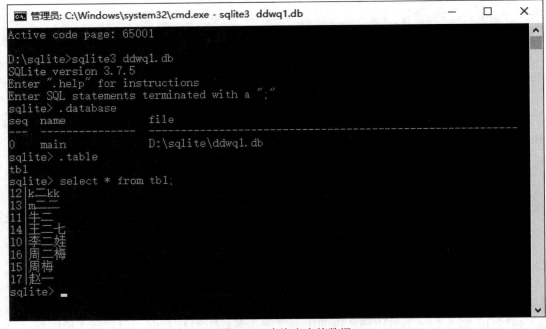

◆ 图 11-8　查询表中的数据

7. 格式化显示 select 的输出信息

例 11-5　以列的形式显示各个字段，列的显示宽度设置为10。

代码如下：

> sqlite> .header on
>
> sqlite> .mode column
>
> sqlite> .width 10

运行结果如图 11-9 所示。

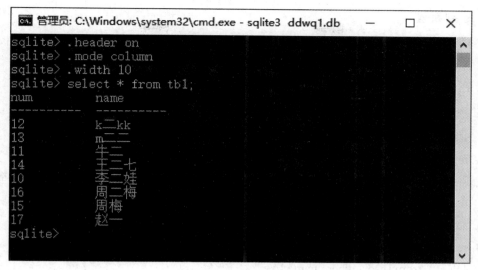

◆ 图 11-9　格式化输出

习　　题

一、填空题

1. SQLite 是一款轻量级的_____的嵌入式数据库，由 D.Richard Hipp 在 2000 年发布。

2. 在 d:\sqlite> 下输入_____，然后回车，将出现对应的版本号信息。

3. 假设需要使用一个 test.db 数据库，只需在命令行下输入_____即可，如果存在 test.db 则打开，否则将创建 test.db 数据库。

4. 操作：

在表 tb1 中插入一条记录，其值为编号"12"，名字为"kkk"，格式如下：

sqlite> _____

5. 操作：

在 cmd 下，查询表 tb1 的数据信息，格式如下：

sqlite> _____

二、判断题

1. 由于使用方便，性能出众，所以 SQLite 广泛应用于消费电子、医疗、工业控制、军事等各种领域。（　　　）

2. 在嵌入式设备中，最低只需要几百千字节的内存就可以运行。（　　　）

三、选择题

1. SQLite3 支持的基本数据类型有（　　　）。

A. text　　B. real　　C. date　　D. numeric

2. 可把 name 为"张三""张猫三""三脚猫""唐三藏"等有"三"的记录全部找出来的语句是（　　　）。

A. select * from [user] where name like '[张李王] 三 ';

B. select * from [user] where name like '_ 三 _';

C. select * from [user] where name like '% 三 %';

D. select * from [user] where name like '[^ 张唐三]% 三 %';

四、实践题

操作 SQLite 示例数据库 too.db，了解 SQLite 的命令行程序中的常用命令。

要求：

(1) 从 DOS 环境进入 SQLite 环境，并打开数据库文件 too.db，显示数据库的表。

(2) 显示所有表被创建时语句，查询表中的数据。

(3) 设置输出文件格式为 CSV，文件名为 toofile.csv。

(4) 在 DOS 环境下，将创建 too.db 数据库中各表的语句及数据插入语句输出到文件 too_db.sql 中保存。

附录　各章习题参考答案

第1章　概论

一、填空题

1. 网状、层次、非　　　　2. ANSI/SPARC

二、判断题

1. √　　　2. √　　　3. √

三、单选题

1. C　　　2. B

四、多选题

1. ABCD　　　2. ABD

五、简答题

1. 数据结构化，高共享、低冗余，数据独立性高，数据由 DBMS 统一管理和控制。

2. 数据库定义，包括表、视图、索引、约束、用户等；数据库操纵，包括增加、删除、
   修改、查询等；数据库保护，包括数据库恢复、并发控制、完整性控制、安全性控
   制等；数据库的建立和维护

第2章　关系数据模型与关系运算

一、填空题

1. 实体、联系、语义约束

2. 抽象层次、结构

3. 二维表格、外码、三类完整性

二、判断题

1. √　　　2. √　　　3. √

三、单选题

1. A　　　2. A　　　3. C　　　4. D　　　5. A

四、多选题

1. ABC　　　2. ABD　　　3. BCD　　　4. ABCD

第3章　数据库基础

一、填空题

1. Windows 身份验证、混合

2. 列、2

3. 124、…、123.46、-12123.5

4. BC、5、2

5. B、24.00

二、判断题

1. √   2. √   3. √   4. √   5. √   6. √

三、单选题

1. B   2. D   3. B

四、多选题

1. BCD   2. BC

第 4 章　关系数据库语言 SQL（上）

一、填空题

1. DDL、DML、DQL、DCL   2. newid()   3. 一、允许、数值

二、判断题

1. √   2. √   3. ×   4. √   5. ×   6. √   7. √   8. √   9. ×   10. √   11. √   12. √

三、单选题

1. D   2. C   3. D

四、多选题

1. BC   2. BD   3. ABCD   4. ABCD   5. ACD   6. ABCD

五、操作题

1. default、newid()

2. .mdf、5、unlimited、.ldf

3. primary、constraint、unique(name)、in

第 5 章　关系数据库语言 SQL（下）

一、填空题

1. order by、列值相同   2. 聚合函数   3. 内连接、外连接、交叉连接、外连接

二、判断题

1. √   2. ×   3. ×   4. √   5. ×   6. √

三、单选题

1. D   2. C   3. B   4. C   5. D

四、多选题

1. ABCD   2. ABCD   3. ABC

五、操作题

1. select s# as 学号 ,sname 姓名 , 班级编号 =classid from student

2. select orderid,quantity from orderitems

　　where bookid in(select bookid from books where title like '%ASP%')

3. select student.s#,student.sname,student.classid,sc.c#,sc.score

　　from student full outer join sc on student.s#=sc.s#

第 6 章 视图与索引

一、填空题

1. 添加表 2. 页首、行、数据 3. 统一盘区、混合盘区、统一盘区

二、判断题

1. √ 2. √ 3. √ 4. × 5. × 6. √

三、选择题

1. ABCD 2. ABCD

四、操作题

1. as、and、c.c# 2. view、count(*)、sname

五、实践题

1. 创建视图

> create view student_2
>
> with encryption
>
> as
>
> select * from student where classid='20180102'
>
> with check option

2. 创建索引

> create unique nonclustered index ix_books_isbn
>
> on books(isbn)

第 7 章 Transact-SQL 应用

一、填空题

1. declare、变量类型 2. continue、break

3. .sql 4. 查询、存储过程、execute

二、判断题

1. √ 2. √ 3. ×

三、选择题

1. ACD 2. AC 3. AB

四、实践题

1. select @@spid as 'ID',system_user as 'Login Name',user as 'User Name'

2. use studscore_wl

> if exists(select * from sc where studscore>=90)
>
> begin
>
>> print ' 有考 90 分及以上的学生 '
>>
>> select * from sc where studscore>=90
>
> end

else

    print ' 没有考 90 分及以上的学生 '

3. declare @a int,@answer char(10)

    set @a=cast(rand()*10 as int)

    print @a

    set @answer=case @a

        when 1 then 'A'

        when 2 then 'B'

    when 3 then 'C'

    when 4 then 'D'

    when 5 then 'E'

    else 'other'

    end

    print 'the answer is'+@answer

4. begin

    waitfor time '10:00:00'

    select * from sales

    end

第 8 章　存储过程、触发器和游标

一、填空题

1. 系统存储过程、扩展存储过程、用户自定义存储过程

2. procedure_name、@parameter、data_type、default、output、as

3. trigger、添加、更新、删除

二、判断题

1. √　　2.×　　3. √

三、选择题

1. BCD　2. ABCD

四、实践题

1. exec xp_cmdshell 'dir D:\sq\';

2. create procedure samp(@departname varchar(50),@num int output,@avgsalary float output)

    as

    declare @a int

    declare @b float

    if not exists(select * from department where dpname=@departname)

```
return -100
select @a=(select count(*) from employees,department where employees.dpid=
department.dpid and department.dpname=@departname)
if @a=0
return -101
select @b=(select avg(employees.salary) from employees,department where employees.
dpid= department.dpid and department.dpname=@departname)
set @num=@a
set @avgsalary=@b
```

3. 使用存储过程和游标

(1)
```
create view v_scavgscore
    as
select s.s#,sname,cast(avg(score) as numeric(5,1)) as avgscore from student s,sc
where s.s#=sc.s# group by s.s#,sname
```

(2)
```
create procedure proc_studscore
    as
declare studscore cursor for select s#,sname,avgscore from v_scavgscore order by avgscore
desc
open studscore
declare @s# varchar(12),@sname varchar(20),@i int,@avgscore numeric(5,1)
set @i=1
fetch next from studscore into @s#,@sname,@avgscore -- 将游标向下移 1 行，获取的
                                                         值放入变量中
print space(3)+ ' 学号 '+space(5)+ ' 姓名 '+space(5)+ ' 平均分 '+space(5)+ ' 名次 '
while (@@fetch_status=0)
begin
print @s#+space(5)+@sname+space(5)+cast(@avgscore as varchar)+space(5)+cast(@i
as varchar)
fetch next from studscore into @s#,@sname,@avgscore
set @i=@i+1
end
close studscore
deallocate studscore
```

(3) exec proc_studscore

第 9 章　数据库应用开发

一、填空题

1. 需求分析、物理结构设计、数据库运行和维护

2. 数据流程图、模块化、定义

3. 白盒测试、黑盒测试

4. Recordset、记录、列

5. Fill(数据集，表名)

二、判断题

1. √　　2. √　　3. √　　4. √

三、选择题

1. ACD　　2. BCD　　3. A　　4. ABCD　　5. ABCD　　6. ABCD

四、操作题

1. using System.Data.SqlClient;

2. using System.Data.SqlClient;

　　String StrConn="Data Source=xwq123\SQLEXPRESS;Initial Catalog=studscore_wl2;
　　UserID= sa;Password=xwq123;";

　　SqlConnection SqlConn=new SqlConnection(StrConn);

　　String StrSql="select * from studinfo";

　　SqlDataAdapter SqlAdapter=new SqlDataAdapter(StrSql,SqlConn);

第 10 章　数据库管理维护与新技术

一、填空题

1. begin transaction、commit transaction、rollback transaction

2. dbo

3. 分离、附加

4. 消息的严重级别、状态、1

二、判断题

1. √　　2. √　　3. ×　　4. ×　　5. √

三、选择题

1. A　　2. ABC

四、操作题

1. 操作步骤如下：

　　　　在"对象资源管理器"中，展开"数据库"节点，展开 studscore_wl2 数据库，
　　展开"安全性"节点，展开"用户"节点。在用户名上右击弹出快捷菜单选择"新
　　建用户"命令，弹出"数据库用户 - 新建"对话框。

　　　　在"用户"处输入数据库用户名 stud，在"登录名"框内选择已经创建的登

录账号，在"默认架构"处选择 dbo 架构，在"数据库角色成员身份"处勾选 db_
owner，然后单击"确定"按钮，完成数据库用户的创建。

2. backup database studscore_wl2 to disk='D:\sq\stud19wl.bak'

3. backup log studscore_wl2 to disk='D:\sq\stud19wl.bak'

第 11 章　SQLite 数据库操作

一、填空题

1. 开源

2. sqlite3 -version

3. sqlite3 test.db

4. insert into tb1 values ('12'，'kkk');

5. select * from tb1;

二、判断题

1. √　　2. √

三、选择题

1. ABD　2. C

▌参 考 文 献

[1] 鲁宁 . 数据库原理与应用 [M]. 成都：西南交通大学出版社，2018.

[2] 王秀英 . SQL Server 2005 实用教程 [M]. 北京：清华大学出版社，2014.

[3] 金培权 . 数据库原理与应用 [M]. 上海：上海交通大学出版社，2018.

[4] 微软公司 . SQL Server 2008 数据库管理基础 [M]. 北京：人民邮电出版社，2017.

[5] 王永乐 . SQL Server 2008 数据库项目教程 [M]. 北京：北京邮电大学出版社，2016.

[6] 王冰，费志民 .SQL Server 数据库应用技术 [M]. 北京：北京理工大学出版社，2014.

[7] 刘峰 . 数据库原理与应用 [M]. 长沙：国防科技大学出版社，2019.

[8] 邵峰晶，于忠清 . 数据挖掘原理与算法 [M]. 北京：中国水利水电出版社，2004.